穿搭哲学论

衣橱里的学问

冷芸　著

图书在版编目（CIP）数据

穿搭哲学论 ：衣橱里的学问 / 冷芸著. -- 南京 ：
江苏凤凰文艺出版社，2024.3
ISBN 978-7-5594-8514-4

Ⅰ. ①穿… Ⅱ. ①冷… Ⅲ. ①服饰美学 Ⅳ.
①TS941.11

中国国家版本馆CIP数据核字(2024)第053653号

穿搭哲学论：衣橱里的学问
冷芸　著

责任编辑　张　倩
策划编辑　高　申
出版发行　江苏凤凰文艺出版社
　　　　　南京市中央路165号，邮编：210009
网　　址　http：//www.jswenyi.com
印　　刷　北京博海升彩色印刷有限公司
开　　本　889毫米×1194毫米　1 / 32
印　　张　7.5
字　　数　120千字
版　　次　2024年3月第1版
印　　次　2024年3月第1次印刷
标准书号　ISBN 978-7-5594-8514-4
定　　价　69.80元

本书简介

该书是一本旨在提高大众时尚品位的读物。全书由三大篇章构成：文化篇、技术与应用篇及未来篇。文化篇重点解释了时尚与人们的心理、行为及社会关系如何相互影响，何为符合中国人气质的时尚，主流的时尚经典款式与时尚品牌简介。技术与应用篇主要介绍了面料与服装的技术性内容，以及我们应该如何合理地消费与实践时尚美学。未来篇则介绍了时尚的发展趋势，以及它们将如何影响我们的着装理念与消费行为。本书适合服装从业者（设计师、销售人员、店铺销售导购等）、时尚博主、穿搭博主、形象设计师、造型师、时尚摄影师以及热爱时尚的大众群体阅读。

前言

一、我的故事

我在时尚行业工作已经超过 25 年了，虽然已经写过几本时尚从业者参考书，但我一直犹豫着是否要写一本面向一般读者的关于时尚的书。犹豫的原因主要有两点：首先，给一般读者阅读的关于时尚的书，除了写写穿搭方面的知识，似乎没有其他值得大家知晓的内容，而网络上有大量的关于穿搭的内容，编纂成书显得没那么必要。其次，我一直质疑服装对于大众生活的重要性，它虽然看起来很重要，俗话不也是说“人靠衣装”吗？但每当看到直播间、市场上大量廉价的服装在出售，我不得不承认，服装对大多数人而言，也不过就是遮身蔽体的工具罢了。直到 2018 年，《三联生活周刊》（以下简称“三联”）旗下的“三联中读”找我做了一个关于服装穿搭的音频专栏。三联作为国内一线社会新闻媒体，关注者大多文化修养较高，因此我在专栏中不仅分享了穿搭技巧类的内容，也引入了历史、文化与消费观等方面的内容，果然大家的反馈总体很好。不少读者给我留言，说这个专栏让他们重新认识了“时尚”——原来时尚背后还有那么多的功能、内涵与意义，时尚不仅仅只是“穿好看的衣服”那么简单。

从三联读者那收获了肯定后，我就打算将这套音频课程转化成图书，但因为忙于其他工作未能着手。直到 2022 年夏天，凤凰出版传媒集团的编辑来联系我，问我是否有兴趣写一本关于服装的书，于是，便有了这本书！

先讲讲我自己与服装的故事吧！

我是一位出生在新疆地区的“70 后”！事实上，在相当长一段时间里，“着装”在我眼里都是“肤浅”的词汇。在我成长的地区与年代，一个学习成绩好的人是不应该把心思花在穿衣打扮上的；而那些喜欢穿衣打扮的人则大多被认为是“不良”青年，他们也多半不热爱读书。

而我当时在这两个方面，也都处于中间值：成绩不算最好，也从没觉得衣服有多重要，除了有几次参加学校的联欢晚会时必须要化妆，我也几乎没有化过妆。而这一切观念在我 16 岁作为知青子女回到上海的那一刻发生了改变——我发现，在同样的年龄，上海的女生和我们这些北方长大的女生竟如此不同。

在上海，关于穿衣打扮，我经历了几个人生中的第一次。

原来，上海女生每天都要换衣服。不仅如此，很多人回到家还要换一套家居服。而我们当时在新疆，外套大概几天甚至一两周都不会换，因为没有那么多衣服换，也从没意识到要换得那么勤快。

在上海，我第一次知道什么叫“洗发水”“洗面奶”，还有种类繁多的护肤品和化妆品。在当时的新疆，我们都是用洗衣粉或者肥皂洗头发的，用水洗完脸直接就涂点儿擦脸油（也不知道具体是什么油）……

同样为人，我们的差异居然那么大？怪不得别人都说上海女人就是好看，原来她们都那么注重保养……

时光荏苒，从在上海所遭遇的第一次“着装文化冲突”到今天，转眼快 30 年了。如今的新疆当然也已今非昔比，可以说上海有的衣服、护肤品、美妆产品等，那里也都有。而我，最终也踏入了服装行业，并已经在这个行业耕耘了 25 年。

在这 25 年里，我在鞋服公司工作了近 15 年。在此期间，我在英国获得时装营销与管理的硕士学位，我的博士论文也是关于服装行业研究的。无论是我的硕士院校，还是我读博时访学的院校，都是全球最顶尖的时装院校。2016 年后我开始做时尚商业培训导师、时尚专栏作家以及独立时尚评论人，所以我期待能从专业的视角，为读者呈现并解读一个不一样的时尚。

二、为什么要写这本书

（一）“服装”与“时尚”的关系与区别

在进一步探究本书写作目的之前，我们先来看看“服装”与“时尚”的区别与联系。虽然在现实中，它们常常也被认为是同一件事。不过，从撰写图书的严谨性来说，我们有必要明确一下二者的区别与联系。即使从学术角度来看，两者的界限也并不那么清晰。不过，大多数学者比较认同的是“服装”通常指“物质”层面，它们满足人们穿着的基本功能，比如保暖、舒适等；而“时尚”则指精神层面，比如，衣服所代表的时髦、身份、职业等，而本书将涉及两者。

另外，时尚还是社会产物，它关联着你如何看待衣服与自己身体间的关系，你与周围人的社会关系等。因此，时尚不仅仅只有衣服的视觉美观问题，还有人（着装者、旁观者等）与社会之间的关系。比如，大众对服装的诉求看起来似乎只有“怎么能让我穿得更好看”的问题，但事实上我们经常会发现，无论你自认为自己穿得多么好看，总有人觉得你穿得并不好看！在我做过的市场调研中，我发现有相当一部分消费者会退货，就是因为他们将产品买回来后，被家人、朋友或者同事说“不好看”。甚至，还产生了很多因为个人着装不当而导致的社会问题，比如，在一些社会事件中，旁观者会将问题的根本指向“衣着”，而这种现象在女性受害事件中尤为普遍。

“是你自己穿得太暴露了，所以才让对方图谋不轨！”

“你为什么穿得那么性感啊？是你自己的问题！”

“你那个低V领不就是用来诱惑人的吗？”

……

每当这类事件发生时，舆论几乎都会分为两个明显的阵营：一个阵营认为着装纯属穿着者的私事，不追究恶人（罪犯）的原因却将矛头指向受害者，完全是本末倒置的思维；而另外一个阵营则认为，有些人穿了某些特别的款式，就是在暗示自己是什么人！

为什么看上去那么简单的着装问题还会引起那么多社会问题？

（二）时尚影响人的认知与行为

让我们从一场实验开始。

2012年，一对研究者海琼·亚当（Hajo Adam）与亚当·加林斯基（Adam D. Galinsky）做了一场关于“白大褂”的实验[1]。研究者让参加测试的人员穿着白大褂，之所以选择白大褂是因为在一般人的认知中，白大褂这类穿着经常与“实验室”“医生”等职业相关联，都代表着“细致”以及需要“集中注意力”的工作态度。所以，研究者的实验目的，是为了测试着装代表的含义，以及该含义对人们的心理与行为会产生怎样的影响。

对比穿白大褂与不穿白大褂的人群，结果发现，那些穿着白大褂的人，明显比不穿白大褂的人，更能够聚精会神地对待自己的工作。

研究者再分别让三组人群都穿上一样的白大褂，但是分别告知其中两组人员，他们身上穿的白大褂分别是“医生的白大褂”与“艺术家的白大褂”，第三组人员则穿自己的衣服，但会挂一件白大褂在他们眼前。结果发现，穿着“医生白大褂”的人，比其他两组的人更加细心。

---

1 Hajo,Adam and Galinsky,Adam D. (2012), ‘Enclothed Cognition’, *Journal of Experimental Social Psychology*, Vol. 48, Issue 4, 918-925.

以上实验被称为“着装认知实验”。该实验证明，一件衣服的象征意义以及着装本身对着装者的心理与行为都有着影响。

著名的文化研究者同时也是流行文化评论家的伊丽莎白·威尔逊（Elizabeth Wilson）[1]与麦尔肯·伯纳（Malcom Barnard）[2]都曾谈到衣着的社会性作用。一个最典型的案例是，一个人穿球鞋与穿高跟鞋时走路的姿态都会产生变化。穿着球鞋走路，人自然会感觉很轻松，步伐可能也会比较轻快，从而显得年轻、有朝气；而穿着高跟鞋时，人则会显得挺拔，走路稳重，姿态优雅。对男士来说，穿T恤搭配牛仔裤与穿合体的西装，自然也会感觉到自己在心态上的不同。因此，服装也能塑造我们的行为。

女性的着装心理与男性也会有些不同。比如说，泳装会影响女性的情绪与行为，但对于男性却没那么明显[3]。女性穿着泳衣站在镜子面前，会因觉得有些暴露而产生“羞耻感”；但穿毛衣的时候，女性对自我身体的感觉就不会这样糟糕。而男性在这方面的困扰则没有那么大。

着装不仅仅能够改变人们的认知与行为，也会影响人的情绪。当人们穿着让自己自信的服装时，会感到自己同时拥有了强大的社交能力，从而提高他们的交际能力[4]。

（三）时尚是最直接的社交沟通工具

时尚理论研究者弗莱德·戴维斯（Fred Davis）[5]曾说：“我们穿的衣服都在表达我们（是谁）。”从这个角度来看，服装穿着是一门语言，它会默默地为我们“代言”。事实上，虽然常有人说“穿什么衣服是我个人的自由”，但在现实中，大部分人选择衣服并不会仅仅考虑自己的喜好，他们还要考虑这样的着装与所处环境的适应性。比如：“其他人会觉得好看吗？”“其他人会不会觉得我在出风头？”“我这样穿会不会让（某）人不喜欢”……这说明，在人的潜意识中，大家都明白，着装也在向他人传达自己是一个什么样的人，也就是它具有自我表达的属性。

如果我们将人的属性分为三类：生理属性、社会属性、精神属性，则服装可以同时表达穿着者这三类的属性。

---

1 Wilson, Elizabeth (2003), *Adorned in Dreams: Fashion and Modernity*, New Jersey: Rutgers University Press.

2 Barnard,Malcom (2002), *Fashion as Communication*（2nd Edition）, London and New York: Routledge.

3 Fredrickson, Barbara and Roberts, Tomi-Ann (1997), ‘Objectification Theory: Toward Understanding Women’s lived Experiences and Mental Health Risk’s, *Psychology of Women Quarterly*, 21(2), 173-206.

4 Moody, R. Wendy, Kinderman, Peter and Sinha, Pammi (2010), ‘An Exploratory Study: Relationships Between Trying on Clothing, Mood, Emotion, Personality and Clothing Preference’, *Journal of Fashion Marketing and Management: An International Journal*, 14(1), 161-179.

5 Davis, Fred (1994), *Fashion, Culture, and Identity*（Reprint Edition）, Chicago and London: University of Chicago Press.

生理属性指人的年龄、肤色、身高、体重、体形等。这看上去似乎简单易懂，但现实中，也恰恰是影响人们穿着打扮的重要因素。比如，网络上关于着装问题最多的类型之一，便是不同体形、身高、体重的人该怎么穿的问题：

"胖人该怎么穿？"

"年龄有些大了，怎么穿才不显老气？"

"身材不高，怎么穿显高？"

"肤色偏黄，怎么穿才能显白？"

不过，迄今为止我看到的回答，都只集中在用服装的物理属性来解决这些问题。比如，用什么颜色、廓形来解决上述问题等。殊不知，如果不先解决一个人对自己外貌、体形（身体）、社会身份认知的问题，服装的物理属性并不能解决本质问题。这就是为什么我们会发现，总有些人，无论专业人士（比如服装销售导购、形象造型顾问）怎么推荐衣服，他（她）们对自己的着装与形象都不满意。也因此，我将在第一章呈现要解决一个人的穿衣问题，首先要解决他（她）对个人身体及社会身份（年龄、社会关系等）的认知问题。

社会属性则主要指人们的职业、受教育程度、社会阶层等。德国哲学家与社会学家乔治·齐美尔（Georg Simmel）在其《时尚》[1]一文中曾提到，时尚常常被用来满足个人的两点需求：为了融入某一类社会群体（证明自己属于某一类阶层或者团体），即"模仿（imitation）"；或者为了证明自己不属于某个群体，以强调自己"区别"于他人（distinction），说的就是人们的社会属性。而现实中，无论是否有这个意识，每个人的穿着，其实都代表着他（她）所在的社会阶层或者社交圈子。

精神属性，则指一个人在精神上的追求。比如，有的人喜欢简单、舒适的生活，其着装一般也以简洁款式为主；喜欢被人瞩目者，大概率会穿得比较独特甚至夸张。甚至诸如苹果公司创始人史蒂夫·乔布斯 (Steve Jobs)、脸书的创始人马克·扎克伯格（Mark Zuckerberg）都说自己不愿意在服装选择上浪费时间因此会买一打同样的 T 恤衫[2]，也说明了他们视时尚为"肤浅"或者"微不足道"的一种精神态度。服装也常用来表达我们的情感，这也是服装的精神属性的一方面。在这方面，色彩是表达情感最重要的元素。我们用深色服装表达庄严、严肃甚至哀伤，用靓丽的色彩表达我们的喜悦。

---

1 Simmel, Georg (1957), 'Fashion', *American Journal of Sociology*, 62(6), 541-558.

2 Smith,Jacquelyn(2012), 'Steve Jobs Always Dressed Exactly the Same. Here's Who Else Does', *Forbes*,https://www.forbes.com/sites/jacquelynsmith/2012/10/05/steve-jobs-always-dressed-exactly-the-same-heres-who-else-does/?sh=6efd83535f53，登录日期：2023年5月1日。

学者们的研究表明[1]，服饰的沟通作用在日常生活中比比皆是。比如黑色衣服容易让人产生距离感甚至有时带来负面影响；正装代表着严肃但也代表着距离感；扣好纽扣的人比没有扣好纽扣的人让人感觉更有竞争力；穿着过于性感的人会让人觉得能力较弱，可能不那么聪明；穿着更男性化的女性在面试的时候可能会更容易得到工作机会；一个人穿得越时髦，让人觉得职业感越弱等。

总之，无论个人有意或者无意，我们每个人的着装，都代表着我们与人交往的第一沟通语言。在我们开口之前，我们的着装已经在向他人传递“我是一个什么样的人”“我今天情绪如何”等内容。

（四）我们都带着偏见凭着装认识他人

上述是着装者视角，那么对于观察者，衣着又代表着什么呢？我们虽然知道“以貌取人”是片面的，甚至可能会产生偏见。但在很多企业培训中确实司空见惯，特别是销售人员大多会被安排“通过仪表来辨识顾客背景”的课程。面试的时候考官会通过衣着来判断应试人员是否适合本公司等。虽然看似有些不合理，这种判断也可能确实是一种偏见，但事实是，我们一方面反感因他人的片面认知而遭受偏见；另一方面我们也在不断片面地用服饰判断一个人，对他人产生着偏见。

那么从科学的角度来看，“外貌偏见”究竟存在吗？答案是“是的”，它真实存在于现实生活中。心理学家研究发现[2]，“外貌魅力偏见（Physical Attractiveness Stereotype）”十分常见，人们看到美丽的人，都会连带认为这些人同时也拥有其他美好的品质（比如更聪明、更稳定、有着更优秀的品格等）。这个可以解释为什么外表姣好的人更容易找到更高薪水的工作，以及获得更多晋升的机会。同时也可以说明为什么当一个漂亮的人做了某件令人失望的事情时，比如口吐脏词、撒谎，或者其他什么糟糕的事情，人们常常会说出“长得倒挺好看（标致），怎么做的事如此不堪？”这样的话，以表达他们的失望之情。

从行为经济学的角度来讲，一个人对另外一个人的认知偏差几乎无所不在，而且也常常发生在我们的生活中。这种偏见多产生于个人掌握的片面信息、个人的自我认知（认为自己知道的就是真相的全部）、个人对社会的认知（用自己看到的世界代表世界的全部）等。

---

1 Thurston, Jane and Lennon, Sharron and Clayton, Ruth (2009), ‘Influence of Age, Body Type, Fashion, and Garment Type on Women's Professional Image’, *Home Economics Research Journal*, 19, 139-150.

2 Fan, Jintu and Yu, Winnie and Hunter, Lawrence (2004), *Clothing Appearance and Fit: Science and Technology*, Cambridge: Woodhead Publishing.

对于着装来说，最普遍性的偏见大概就是“光环效应”了。为什么某件衣服某个明星穿了，大多数时候就会立刻成为“爆款”？为什么男人有钱了以后，你会觉得他同时也变帅了？这一切都是因为“光环效应”！人们会不自觉地认为，那些带有某种光环的人，他们在其他方面也是优秀的。明星原本可能擅长演戏、唱歌，他们选择的衣服，穿在自己身上也一定好看吗？不一定。所以在网络上我们也会看到，很多人买了明星同款，活生生把衣服从“明星穿的衣服”变成了“路人甲穿的衣服”。而男人还是那个男人，为什么有钱就觉得他变帅了呢？当然有钱后能够买更多昂贵的衣服来修饰自己也许是一种可能，但更多的只是旁观者心理上的光环效应所产生的偏差而已。

再比如，高考前有的妈妈们穿着红色旗袍，代表着“旗开得胜”的寓意。当孩子们最终考上了心仪的学校，有的人可能会将其得偿所愿的原因归结为红色的旗袍。这在行为经济学中被称为“赌徒谬误”，指人们将生活中两件完全没有关联的事情凑到一起，让人觉得似乎正是原因“A”造成了结果“B”。

时尚行为中，还有一种比较主流的偏见，就是“错觉关联效应”。

2021 年夏季，某美院学生假扮名媛的故事在网络上传播开来。她先购买了一个仿大牌的包，又买了几套假珠宝，同时手上又拿着几个奢侈品的购物袋（成本大概几十元），在五星级酒店、机场贵宾室、高级拍卖会上蹭吃蹭喝蹭洗澡，不花钱生活了 21 天，整个过程没有一次被服务员、保安阻拦或者质疑。对邹雅琦来说，这是她用自己的行为艺术讽刺了社会中的一些现象，但从行为经济学角度来看，这背后都是人们的“错觉关联效应”的缘故——那些穿着“名牌”的人，肯定有钱，怎么可能会白吃白喝不付钱呢？毕竟大多数普通人并不会辨识品牌的真伪。

行为经济学中另外一个认知偏见理论，也常常在我们日常生活中出现，即“邓克效应”。邓宁与克鲁格两位研究者发现，越是能力欠缺的人，就越无法正确认识到自己的不足，也就越会高估自己的水平，并低估他人的水平。一定意义上，我们也可以将这种理论理解为，水平越低的人，也往往越固执己见——他们相信自己是正确的。这种现象在着装中也会经常见到，比如一些人固执地认为，我只适合某种颜色、某种廓形、某种款式，从而拒绝尝试任何自己未尝试过的款式或者搭配。这类问题也常常是着装顾问或者形象设计师们遭遇的共同问题。

认识到以上问题，会帮助我们更客观地看待自己与他人眼中的自己以及他人。写到这里，我们有必要区分一下“现实”和“正确”的问题。我们这里提到很多“真实”的现状，并不代表它们就是“正确”的现象。这就提醒我们，在对待自己的着装问题时，一方面要谨慎选择自己的着装以免引起他人的偏见，也要在偏见产生的时候，合理地为自己辩护，而不是任由他人对我们施加干涉；另一方面，在了解上述各种偏见后，自己要避免以此看待他人的着装。

综上所述，着装是我们身体的一部分，也是我们生活环境的一部分。它既有个人属性（自己决定自己要穿什么），也有社会属性（决定你与社会的关系）。因此，穿衣，不仅是关乎于“我穿什么好看”的问题，它更关乎于我们所生活的社会环境（社会习俗、社会规范），我们如何看待自己的生理属性（年龄、身体、外貌等），以及我们自己的社会属性（我们与他人的关系），而这也正是本书的亮点。在本书中，读者不但会了解到自己如何将衣服穿得更好看，更能够借助对服装的社会属性、心理属性及个人认知理解，让服装提升个人的人际关系、改善个人的行为习惯，并从更深的角度理解到底什么是“衣品”。

三、你将从本书收获什么？

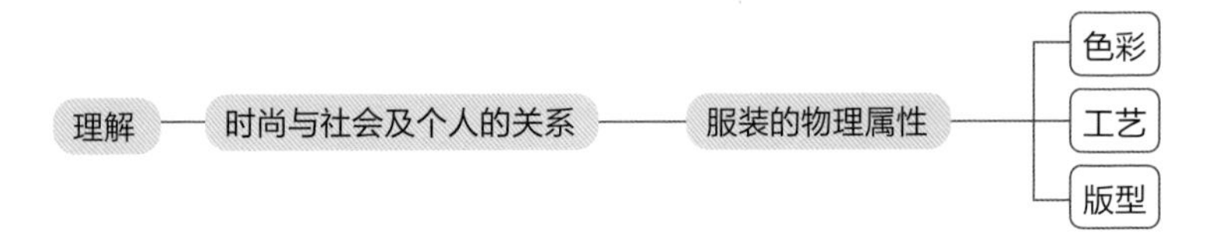

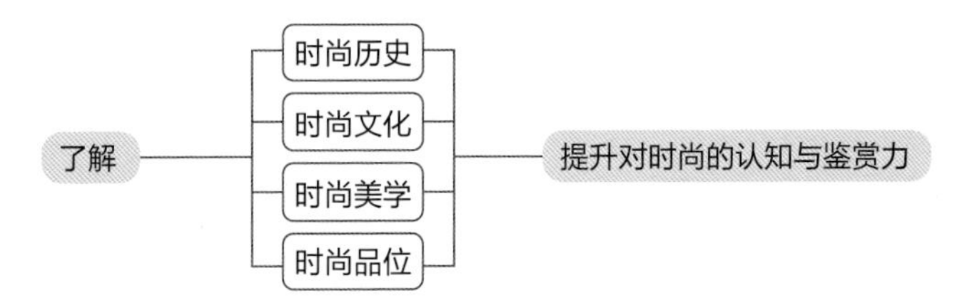

穿搭理论和技巧

合理的消费理念

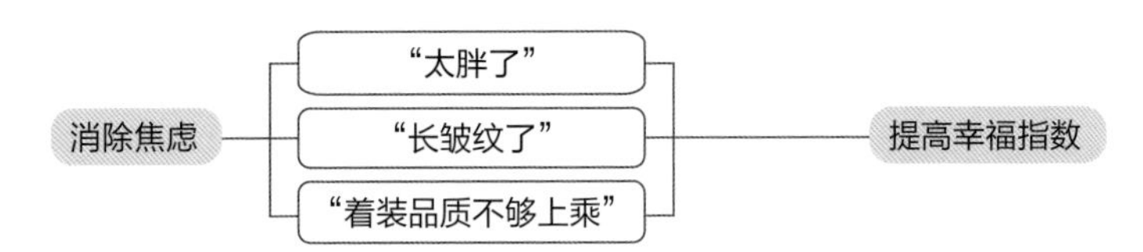

四、本书结构

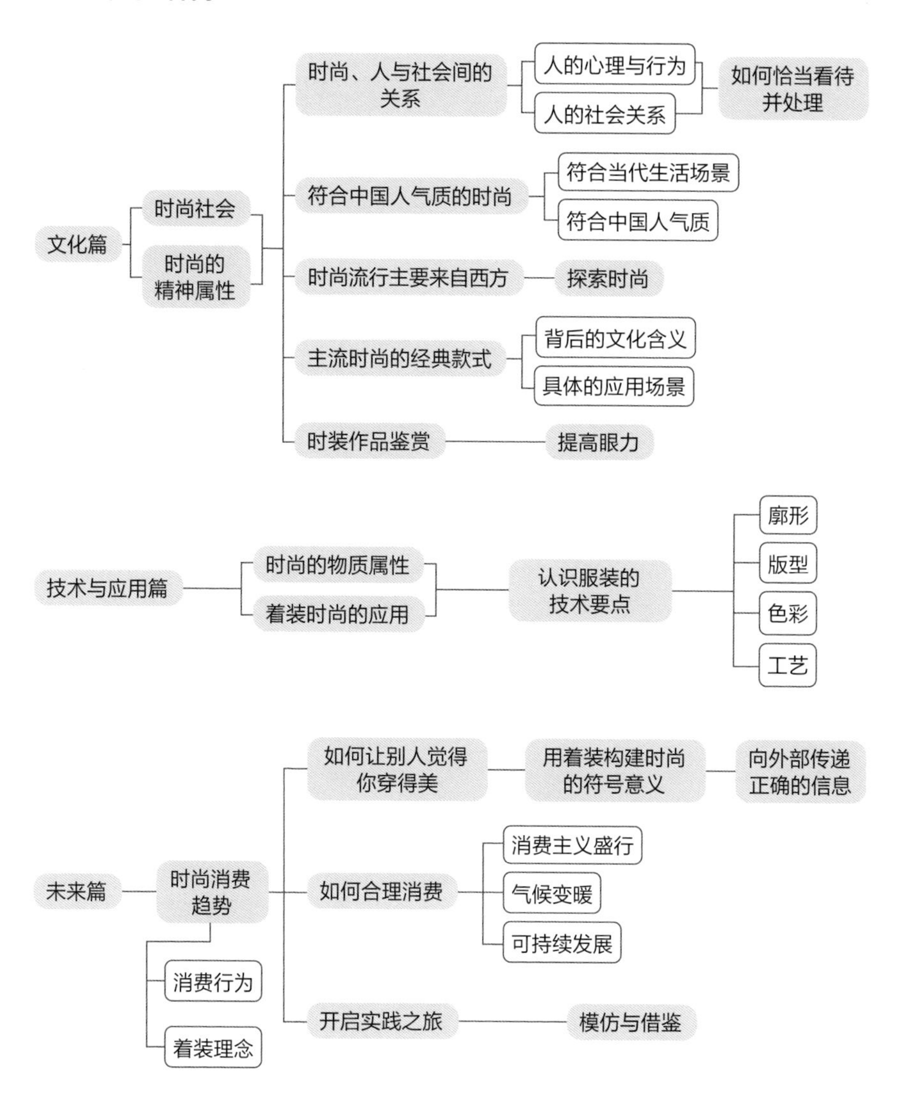

文化篇
时尚社会
时尚的精神属性
时尚、人与社会间的关系
人的心理与行为
人的社会关系
如何恰当看待并处理
符合中国人气质的时尚
符合当代生活场景
符合中国人气质
时尚流行主要来自西方
探索时尚
主流时尚的经典款式
背后的文化含义
具体的应用场景
时装作品鉴赏
提高眼力
技术与应用篇
时尚的物质属性
着装时尚的应用
认识服装的技术要点
廓形
版型
色彩
工艺
未来篇
时尚消费趋势
消费行为
着装理念
如何让别人觉得你穿得美
用着装构建时尚的符号意义
向外部传递正确的信息
如何合理消费
消费主义盛行
气候变暖
可持续发展
开启实践之旅
模仿与借鉴

五、澄清

我需要澄清一下，这本书并不是具体教大家如何做衣橱收纳与整理、穿衣搭配、形象设计、造型化妆等方面的内容。有些人可能分不清这些工作内容的区别。这里我和大家解释一下，这些工作内容虽然彼此有交集，但是很大程度上又不属于同样的工作范畴。

衣橱收纳与整理师主要是上门帮助做空间整理与收纳。形象设计则不仅仅针对不同环境如何穿衣搭配，还包括个人言谈举止、职业修养的打造，也就是个人整体形象的设计与训练。造型化妆则主要应用在广告、影视、舞台上。造型设计重点打造个人整体造型设计，这个设计包括了风格、发型、化妆与着装风格，但是具体的执行则又由不同人完成，比如服装由搭配师完成，化妆由化妆师具体完成，穿衣搭配师则具体做服装搭配。通常来说，穿衣搭配师并不会化妆也不会做造型，做形象设计指导的人也不一定会做化妆、发型，做衣橱收纳与整理的人也不一定会给出穿衣搭配建议。这些职业各自有自己的细分专业特点。

我这本书是对上述相关主题出版物的一种补充。相比于这些书更注重具体的“术”，本书则从“道”开始讲起，逐步下沉到“术”。

另外，关于本书的图片选择问题我也有必要进行说明。本书第一章就会介绍时装杂志常常用超出常人之美、身材纤细的模特来让读者认为自己不够美丽、身材不够好，这样才能起到时装杂志的作用，就是号召人们成为模特那样的人物。为了避免让读者误以为我是在用美图诱导大家变得又瘦又美，在选择图片时，我也做了一番考量。

注：本文中所有图片，除了特别说明，都来自图库网站 www.shutterstock.com 付费版权图。

① 首先因为本书是正规出版作品，出于版权限制，我在愿意授予版权的图库中找到的与时尚相关的图片几乎都是由专业模特拍摄的，专业模特无论是身材还是容貌都会比我们大部分普通人显得更好看。

② 但我尽量选择了一些大众美的脸，以及我认为普通人都可以接受的服饰。虽然这些衣服穿在模特身上看上去更显瘦，但它们大多对身材并没有那么挑剔。

③ 选择的图片与对应的场景并不是绝对的、完全客观的，而是含有我个人的主观意见。图示的目的主要是便于读者进行形象感知，而不是将这些图片作为对与错的衡量标准。事实上，着装美学本就是相对的，而不是绝对的；本就带有主观性，而非绝对客观的。

④ 考虑到书的销售是长期的，需要经得起时间的考验，而时尚流行又是短暂的，因此本书图片中选择的所谓“流行”要素，也都是一些较为主流的，流行周期较长的流行元素。这些流行元素也是大多数人可以接受的。本书避开了一些非常前沿但只有少数时尚弄潮儿比较接受的元素。因此，假如你是时尚弄潮儿，专门追逐前沿流行趋势，也许会觉得本书的图片并不是那么时髦。

⑤ 有些经典作品的选择并不遂我心愿，主要是这些作品的版权并不对私人作者开放。因此只能说书中图片属于开放版权中让我相对中意的作品。

⑥ 还有很多原本想加图的部分，但看中的图片版权不易获取，能选的图片库中又没有适合的图片，这个算是本书的一个小小缺憾。但是相对来说，我认为尊重知识产权更为重要。所以也感谢读者们理解某些部分不能配图的原因。

六、目标读者

本书适合服装从业者（设计师、销售人员、店铺销售导购等）、时尚博主、穿搭博主、形象设计师、造型师、时尚摄影师以及热爱时尚的大众群体阅读。

目录

文化篇

文化篇

About Culture

第一章
时尚、人与社会

第一节　认识时尚之前，先认识社会与自己

作为社会的一分子，我们与我们身边的人是相互影响的。社交媒体时代，为什么认识时尚之前，需要先认识社会与自己？

一、每个人都是社会中的一分子，时尚帮助我们完成阶层的“归属”与“区分”

社会学家齐美尔曾提到，时尚帮助我们完成社会阶层的“归属感”（属于某个阶层）与“区分感”（不同于某个阶层）。时尚的阶层感无处不在，它也是影响我们与周围人群关系的一种表现形式。这其中，又以奢侈品的阶层感最为显著。人们之所以会本能地对穿着奢侈品的人刮目相看，无非也是因为这个圈层代表了时尚的金字塔尖。正如社会经济学家凡勃伦 (Thorstein Veblen) 所说，“‘炫耀式的消费’就是富有阶层（有钱又有闲）的身份标志之一”[1]。虽然齐美尔与凡勃伦的理论都诞生于一百多年前，但今天看来，它依然普遍存在于我们的现实之中。

近几年来，几个奢侈品大牌依然保留了它们每隔一段时间都会涨价的习惯[2]。很多人不明白近几年实体店生意那么难做了，怎么还有品牌涨价？其实这背后就是奢侈品的圈层理念。奢侈品并不希望所有的人都可以购买自家产品，并且，若顾客的气质与本品牌不搭，即使顾客很有钱，品牌方也并不欢迎他们。而将奢侈品当作日常消费品的人，也就是奢侈品真正的目标客群，面对涨价却依然会购买奢侈品，因为这点涨价丝毫不影响他们的消费能力。奢侈品涨价只是将边缘消费者挡在了门外。

1　索尔斯坦·凡勃伦,《有闲阶级论》，上海：上海译文出版社（2019）。

2　刘娜娜，“涨价、缺货、排队，2023 年奢侈品在中国还能香多久？”,《界面新闻》，https://www.jiemian.com/article/8761609.html（2023），登录日期：2023 年 1 月 18 日。

二、社会比较理论：我们对自己的定义也取决于我们与他人的比较

大多数情况下，我们对自己都有一个自我认知（自我评价）。而作为社会人，我们对自己的评价并不仅仅基于我们对自己的独立认识，事实上，也基于我们将自己与他人比较后得到的结论[1]。社会心理学家发现，人们将自己与他人进行比较，主要有两个目的：其一，为了做自我评估；其二，为了做自我提升。在“自我评估”方面，人们更倾向于与自己较为相似的人进行比较。比如同一寝室的室友、办公室同事、同一教室的同学等。这也可以解释为什么如果看到同寝室的姐妹或者兄弟穿了一双名牌球鞋，自己也可能会想买一双。

通过相互比较来实现自我提升毫无疑问也是一件有意义的事情。比如，在每个人的社交圈，可能都有些被认为“特别会买（衣服）、特别会穿”的人。他们无形中成了生活中人们的“参考”对象，其周围的人会向他（她）们学习穿衣打扮的经验。但是，这个也是有弊端的。当他人比自己优秀很多时，可能会让自己产生自卑情绪，这反而起不到自我提高的作用。所以，做比较时，不妨多以那些自己“跳一跳能够得着”的人作为参考。

一个相对负面的比较案例则是拿自己和时装杂志中的模特进行比较。这会为自己制造更多不必要的焦虑感。我将在后面的内容里进一步解释这种现象。

1　“社会比较理论”是由美国社会心理学家利昂·费斯廷格（Leon Festinger）在 1954 年提出的一个理论。

三、社交媒体改变了人们的交际方式与相互关系

近十几年社交媒体的迅猛发展，大大影响了我们的生活方式以及人际交往模式与人际关系。阅读本书的读者，估计没有人没在网络上刷到过关于穿搭的帖子吧？无论是小红书、微博、抖音还是知乎上，大概率也有你所追随的网红穿搭博主。很多人靠着这些网络信息培养着自己对穿搭的美感。

面对社交媒体，有两种可能极端的现象：一种是没有社交网络就觉得生活似乎难以继续，特别是那些爱美的女士，她们严重依赖于社交网络传达的“穿什么流行”“哪些名牌在做活动”“哪里的医美最可靠”等信息；还有一种则觉得社交媒体就是一个浪费时间的地方，这类人可能会关闭朋友圈，也不会下载那些常用的社交媒体 APP（手机应用程序）。

这两者其实都不可取。研究表明，像前者一样过度使用社交媒体的人会让自己更容易产生焦虑情绪。有一个词叫“FOMO（Fear of Missing Out）”，指的就是过度依赖社交媒体的人担心错过的一种心理，这很容易导致心理焦虑，而未成年人更容易受到来自这方面的影响。身材焦虑、容貌焦虑、时尚焦虑多少也与这种心理有关。但是坚决不触碰社交媒体在这个时代也确实容易形成“两耳不闻窗外事”的现象，它导致的不仅仅是错过重要信息，更有可能错过与朋友交流的机会。

社交媒体给予我们的信息是一把双刃剑。一方面，我们看似每天能够吸收极其多的来自各个渠道的各种信息；而另一方面，社交媒体也正在给我们编织一个“信息茧房”。互联网当下的所谓根据个人喜好推送相关信息的逻辑算法，注定了每个人看到的只是片面的世界，还有大量的信息被排除在我们每个人的“茧房”之外，穿搭方面的信息也在其中。如果你搜索的是价格便宜的服装，大概率你很难看到真正的设计大师作品。这也就让你无从知道那些高级美感的衣服究竟是怎样的。如果你因为某种风格关注了某个穿搭博主，大概率你从此就会拘泥于这一种风格，而没有机会让自己尝试更多元化的风格。

社交媒体同时也影响了我们自我表达的方式及人际关系。

我曾经有个朋友，原本很爱在朋友圈晒自己的工作与生活。她本身长相就不同于一般中国女性，肤色偏棕色，性格开朗奔放，自己又是服装设计师，无论是长相还是个性都很独特。有一次她去国外游玩，晒了自拍照，有个朋友在评论区留言：“姐，你真是又有钱又有闲，还那么有个性！哪像我们这种打工人，又没钱又没闲！”从此，这个朋友就不再晒朋友圈了——她担心其他人和这个评论者一样，对她的生活充满嫉妒与不满，从而影响她正在做的生意（她的朋友圈多是她的客户）。

这就是用自我形象在社交媒体上表达自我后，所产生的人际关系的一种变化。也有很多人把朋友圈和自己的社交媒体伪装成“生活很美好”的样子。这种案例在国内外都比比皆是。

法国哲学家亨利 · 列斐伏尔 (Henri Lefebvre,1901—1991) 于 1987 年在其经典作品《日常生活》[1] 中就提到，人们的日常生活就是一个“被（商家）操控的消费场所”。具体来说，列斐伏尔认为，正是因为人们的日常生活正在经历“节日化 (festivalization of everyday life)”“艺术化 (artification of everyday life)”，因此才产生了更多的消费刺激。

通俗地理解这段学术性陈述，就是我们的生活增添了更多的“仪式感”，这些“仪式感”可能是通过某些媒体灌输给我们的，也可能是某些个体用自己的创意创作出来的，但无论如何正是这些看似仪式化的日常生活才刺激了更多的消费。

虽然列斐伏尔时代还没有社交媒体，但是他的理论在今天仍然适用（这也是经典理论的魅力，不管时代如何改变，社会的本质总还是那些，这也是为什么本书中融入了不少经典理论的原因）。比如时尚穿搭博主最早就是把个人的生活方式“暴露”给公众，这些没有品牌官方大片完美但有着真实生活气息的照片却获得了意想不到的关注。这些图片的发布也许刚开始是无意的，但当这些拍摄背后开始带有商业动机，它们就变成了精心策划的节目，也就是列斐伏尔所说的“节日化”“艺术化”的含义。这些看似日常实为精心策划的节目在今天的社交媒体上日渐泛滥，并且也成了如今营销的重要策略——其最终目的，无非还是为了刺激人们更多的购买行为。

而如今，这种“节日化”“艺术化”也正在蔓延到普通人群。现在还有多少人不给照片磨皮、放大眼睛、把脸修瘦小些再发到朋友圈呢？直播中这种弄虚作假的行为更是风行，以至于 60 岁的人也可以伪装成十几岁的模样。可以这样说，社交媒体放大了美的梦幻感——这种梦幻感又制造出更多的焦虑，让人们相信自己远不如镜头里的这些“美人”——而这，也正是本书会不断强调的要点之一，区分清楚什么是自己应该要的，以及什么是外界通过操纵媒体内容对我们的大脑产生的负面影响。

这也是为什么在认识时尚之前，我们应该先认识社会与自己，否则我们永远无法理解时尚对我们到底意味着什么。

---

1 Lefebvre, Henri and Levich, Christine (1987), ‘The Everyday and Everydayness’,*Yale French Studies*, No. 73, 7-11.

第二节 认识我们的身体

我做过消费者市场调研，询问大家如何定义“好看（美丽）”的衣服，绝大多数人都认为好看的衣服必须能“扬长避短，让自己的身材看上去更好”。而且，无论男女，在希望服饰修饰身材方面的需求是一致的。也因此，如果你经常观看服装带货直播，你会发现“显瘦”“显腿长”“显腰细”是最常出现的关键词。并且，年龄越大，在这方面的诉求越高。事实上，也不仅仅只有中国人看重身材，即使在欧美，问题也是一样的。不仅如此，大多数人选择衣服的时候，在判断服装是否足够合体时，只会考虑两个因素：要么是衣服本身不够好，不适合自己的尺寸；要么是自己的体形实在太差，市面上根本没有合适的衣服。

在看本书以前，也许你从来没考虑过，你对服装合适与否的判断，还与你如何看待自己的身体有关。

一、身材焦虑

中青网的一份调研报告显示，近 60% 的被调研中国大学生存在容貌焦虑[1]；另一份由《南方周末》与“新氧 APP”联合发布的《中国女性自信报告》[2]也显示，“六分之一的中国女性在照镜子或拍照时感到焦虑”，且“近四成（中国）女性低估自己”，“中国高自信人群占比仅为美国的二分之一”等。可见，许多中国女性对自己的长相和身材是不自信甚至感到焦虑的。

从二十世纪四十年代开始，就有学者调查人们对自我身体满意度的问题。事实是，大多数女性对自己的身体是不满意的。到了二十世纪九十年代，关于身体的研究被提升到了“身体形象（body image）”的方面。人们对身体形象的“认知”，包括“有意与无意因素”，比如情感、意愿、社会关系等[3]。这也是为什么，在我们决定选择哪些衣服更适合自己前，我们需要先解决我们对自己身体形象的认知。

---

1 程思，罗希与马玉萱，“近六成大学生有容貌焦虑”，《中国青年报》,2021-02-25(007)。

2 36氪，‘首份中国女性自信报告显示，4成女性低估自己’，36氪，https://baijiahao.baidu.com/s?id=1594367346332938522&wfr=spider&for=pc（2018），登录日期，2023 年 1 月 22 日。

3 Turner Sherry，Hamilton Heather and Jacobs Meija et.al（1997），‘The Influence of Fashion Magazines on the Body Image Satisfaction of College Women: An Exploratory Analysis’, *Adolescence*, Fall, 32(127), 603-14.

二、为什么我们对自己的身材似乎永远都是不满意的

你有没有这种感觉，挂在衣架上再好看的衣服、图片中模特穿得再好看的衣服，到了自己身上就觉得很“拉胯”？然后就开始自我评估：“是自己的体形或者身材不够好导致的……”无论是长相还是身材，我们似乎永远都对自己不满意！但真实的情况是——这并非是你的错，而是相关媒体输出的信息导致了你相信——你永远都是不完美的！

无论是国内还是国外的研究都表明[1]，正是女性们都特别热衷的时装杂志、时尚媒体导致了她们相信，和时装大片中的那些模特或者某个网红、主播相比，自己的相貌与身材简直是乏善可陈，而解决这一切的方法，就是去接受医美整容、提高自己的化妆技术、穿上被推荐的时髦服饰，才能让自己尽量接近时尚大片中的人物达到的那种程度。

所以，媒体是如何“操纵”了我们的认知呢？

三、我们是如何因媒体影响而相信了自己的“不完美”

（一）媒体传播与个人“内化”

社会学中的“内化”一词，指“一个人对一套（由他人建立的）价值观和规则通过社会化后的接受度”[2]。这其中，媒体就起到帮助我们树立这套价值观和规则的载体作用。心理学家们认为：内化是“在人们毫无知觉或者没有意识的情况下，一个人习得社会价值的过程”[3]。内化本质上就是“认同（identification）”加“吸收（absorption）”的过程。这些被内化的价值观总会最终外显在我们的行为中。

假如你关注的媒体每天都告诉你“一白遮百丑”“瘦了好看”“丰臀细腰才是让人动心的身材”，同时配以瘦扁身材的模特图片，你总有一天会相信，原来美的标准就是这样。当你的内心对此坚信不疑时，你自然会开始与自己的身材进行对比：该凸起的胸部是扁平的，该平坦的腹部却凸起了，这个时候你自然会厌倦自己的身材，并表示不满。

---

1 相关期刊研究包括：Tiggemann, Marika，Polivy, Janet, and Hargreaves, Duane (2009), ‘The Processing of Thin Ideals in Fashion Magazines: A Source of Social Comparison Or Fantasy?’, *Journal of Social and Clinical Psychology*, 28(1), 73 - 93;
Goswami, Shweta，Sachdeva, Sandeep and Sachdeva, Ruchi (2012), ‘ Body Image Satisfaction Among Female College Students’, *Industrial Psychiatry Journal* , Jul-Dec, Vol 21, Issue 2,168-172;
Swiatkowski,Paulina (2010), ‘Magazine Influence on Body Dissatisfaction:Fashion vs. Health?’, *Cogent Social Sciences*,2:1.

2 摘自维基百科。

3 摘自维基百科。

（二）语言的符号催化功能

时尚媒体精心拍摄的时尚大片与语言文字强化了上述“内化”作用。这是因为无论是语言还是图片，都具有符号意义。著名的社会学家也是符号学家罗兰 · 巴特 (Roland Barthes) 曾在其经典著作《流行体系》[1] 中详尽阐述了时装杂志如何使用文字“制造”了“流行”。罗兰 · 巴特将我们穿的衣服分为三大类：物质属性的衣服（可以理解为“实物”），“被代表的服装”（即代表实物的图片与文字），以及“被使用的衣服”（大家买回去穿了的衣服）。这其中，代表了实物服装的图片与文字，就起到了符号的传达意义。我们将在第六章详尽解释符号的工作原理。同样的实物，经过不同的模特演绎、不同的服装搭配、不同的造型师进行整体风格打造、不同的摄影师拍摄，最后其代表的含义就会有所不同，而文字也有同样的作用。比如，一件普通的裙子，经过摄影师、模特、造型师的精心合作，会让你感受到这条裙子很高级，再一看价格，才一两百元，这个时候你会不会十分心动，觉得一两百元就可以买一条高级裙子，很划算啊！

（三）人们的“社会想象力”

“想象力”是美学中相当重要的一个概念。可以说，我们对美的体验，除了使用到我们的感官（直觉）、审美的知识（理性），也会运用到我们的想象力。当我们欣赏一幅艺术作品时，它可能会让你联想到自己曾经的某段经历；或者即使你没有经历过类似的事情，它可能也会引起你对画面中美丽景色的向往。而“社会想象力”则能够让“无趣的事情变得有趣，让普通的事情变得意义非凡”[2]。

这里有必要澄清下，“社会想象力”与“理想”是不一样的。前者是“虚幻的”，后者则是“可实现”的。前言中所说的高考学子的母亲身穿红色旗袍期待孩子们考试“旗开得胜”，可以被视为是一种“社会想象力”而不是“理想”，因为穿红色旗袍与孩子们考试成功之间并没有必然的逻辑关系；再比如，当电视剧中的霸道总裁穿的西服成为流行，且这套西服被称为“霸道总裁”的专有西服，趋之若鹜的顾客被诱导相信穿了这件衣服自己也能成为“霸道总裁”，这就是“社会想象力”的作用，但它并非我们通常所说的“理想”。

---

1 罗兰 · 巴特，《流行体系》，上海：上海人民出版社（2016）。

2 Mandoki, Katya (2003), ‘Point and Line Over the Body:Social Imaginaries Underlying the Logic of Fashion’, *Journal of Popular Culture*, Vol. 36.3 Winter, 600-622.

总体而言，我们已经相信的美的“标准”，主要是通过媒体传播这一载体，借助语言和图片的“催化”，经由我们自己的内化与社会想象力，在我们脑海里形成标准定式，让大众趋之若鹜。而我们被媒体灌输的各种“好身材”“差身材”的理念，也正是通过上述方式影响了我们对自己身体的认知。

四、身材焦虑带给人们的负面影响

身材焦虑带给人们，尤其是女性的伤害远比女性们自己所想的严重。轻度的，会引起女性盲目减肥乃至患上厌食症；更恐怖的则是因此患上严重的“躯体变形障碍（Body Dysmorphic Disorder，缩写：BDD）”或称“体象障碍”“身体臆形症”“丑形恐怖”等。这其实是一种精神障碍。患者过度关注自己的身体形象，或者某些身体部位，导致看自己的身体时似乎总觉得存在着某种缺陷。

时尚圈内在相当长一段时间，都遭到了来自公众的批评——也就是使用的模特都过瘦，导致模特行业中患上厌食症的人也不少。这种以损害人体健康为代价的审美遭到很多人的严厉批评。事实上，时装模特也是一个体力活儿，在时装周期间经常需要连续走台，并且在走台前为了能穿上设计师设计的各种奇形怪状的服装，有的人只是在走台前补充些巧克力而已；平时为了控制体重，也会选择不吃饭或少吃饭等方式，实际上这些都是很不健康的生活方式。

第三节　认识我们的年龄

我们对时尚美感的认知，同样也深受我们年龄的影响。大多数情况下，我们都会听到人们说："要把自己穿得年轻些！"追求年轻几乎是人们审美中的本性。而年龄，可能也是每个人心中最大的恐惧来源之一。这不仅仅意味年龄越长，越接近我们人生的终点；也意味着年龄越长，我们会认为离我们以为的时尚与美越远。

一、现实

综艺节目《乘风破浪的姐姐》播出时，立刻引起人们的热议。不过，看到这些30～50岁之间的姐姐穿着各种时髦的服装在舞台上又唱又跳时，一些观众表示敬佩——这些姐姐到这个年龄还能保持着没有皱纹的脸、苗条的身材与良好的体能，背后一定有着严格的健身与饮食习惯；同时也有观众认为，既然已经人到中年，在装扮上为什么还非要追求"少女感"呢？

在生活中，作为一个年龄处于40～50岁的女性，你是否有过类似的遭遇呢？穿衣服不像以前那么"勇敢（随意）"了？担心被人说"不够庄重"，但也担心被人批评"不修边幅"。总之怎么做都担心周围人的评价……如今，"35岁以上就很难找到工作"的舆论，更是加重了人们对年龄的焦虑感与自卑感。

作为一个年龄"50+"的女性，我在网络上也曾被一个年轻人问道："阿姨，看到你那么老还在网络上混，我还有什么理由不努力呢？"

这并不仅仅只是中国女性才遭遇的问题。在欧美国家，类似的问题同样存在。当年龄成为一种歧视，中老年人还能谈论时尚吗？毕竟时装杂志上的模特绝大多数都是十几岁到二十几岁的年轻人，时尚与中老年群体似乎是不关联的。

二、年龄如何影响了人们的着装认知

年龄对着装究竟有影响吗？答案是肯定的。英国社会学家与历史学家朱丽叶·特威格（Julia Twigg）[1]专门花了数年的时间研究年龄对时尚的影响。在其专著《时尚与年龄》中，她不仅采访了那些年龄在 55 岁以上的女性，也研究了四本主流时尚杂志，并采访了服装公司的品牌商与零售商，期待从专业人士与消费者的多方位视角来解析时尚与年龄间的关系。

朱丽叶的研究发现，年龄的增长本身也会带来身体上的变化，特别是女性生育后，身材变形几乎是大多数女性都会遭遇的经历，而让身材恢复到少女时期的状态也几乎不太可能。

因此，自身年龄的变化，以及因为年龄带来的身体变化，导致了我们对时尚的看法具有双重性特征。大多数人到了一定的年龄，都会特别强调选择"适合自己年龄"的服装。

对待年龄所带来的身体与思想变化，与社会环境也有关系。比如，社会环境总体对中老年人的着装要求都是更趋于保守的，这里多少带有些"道德约束感"，诸如"都结婚了，怎么还穿成这样""都是孩子妈妈了，怎么还穿那么花哨"等。随着年龄的增长，胶原蛋白会逐渐流失，外加家庭、孩子与工作的多重压力，脸色暗沉、身材变形，大概是许多女性会遭遇的困境，也因此，女性着装喜好会随之产生变化。比如大多数女性到了一定的年龄喜欢更宽松、更让自己舒适而非更时髦的衣服，着装风格也变得更加保守，并且在时尚消费意愿上也有所下降。

尽管如此，现在年龄较大的女性与她们上一辈的女性还是不一样的。比如，她们中有的人依然看不出真实的年龄，她们保留了自己年轻时的穿衣风格；有的反而更加大胆，选择了更加绚丽多彩的服装。网络上流行的"时尚奶奶团"和中年大叔型网红，都是当今中老年群体对时尚诠释的生动案例。

事实上，学者们也发现，即使对于中老年人士的年龄，也要区分心理年龄与实际生理年龄。那些心理年龄比实际生理年龄年轻的人，她们依然保持了时髦驱动的消费理念；而与实际年龄差不多的则更注重着装的舒适度[2]。不过，到了一定年龄，特别是 60 岁以上，人们就更注重合体与舒适，这些都比时髦更为重要[3]。

---

1 Twigg, Julia (2013), *Fashion and Age, Dress, the Body and Later Life*. London: Bloomsbury.

2 Nam, Jinhee and Hamlin, Reagan et. al (2007) 'The Fashion-conscious Behaviours of Mature Female Consumers', *International Journal of Consumer Studies*, 31, 102 - 108.

3 同上。

中老年人并不像大众想象的那样只会“保守”，不会“创新”，事实上，中老年人是“有选择性”的创新[1]，也就是在让自己舒适、他人看了舒服的前提下进行创新。

以上只是中老年群体看待时尚的视角。而大多数的商家又是如何对待中老年时尚消费群体的呢？

作为一个年龄“50+”的服装业内人士，除了和朋友约饭，我也已经十多年不那么认真逛商场买衣服了。不只是因为线上可以购买，而是商场里实在没有什么适合自己的衣服。绝大多数都是少女装，要么是设计很纷繁复杂，要么就是品质较差；那些所谓的给中年妇女穿着的大淑装，要么老气横秋，要么就贵得不值得。从媒体到商家，如今都在追捧Z世代（也就是我们通常说的“00后”一代），好像只有他们才需要衣服穿。

在谈到时尚与年龄的关系时，朱丽叶还谈到，时尚中存在着明显的“年龄阶层”，也就是说，不同年龄的人对时尚所拥有的权利有着歧视性差异，如同我们无法避免的“社会阶层”那样。比如，在社会世俗中，有一种约定俗成的“什么年龄就该穿什么样的衣服”的观念。到了一定年龄的人，应该避免穿着某些特定的衣服，否则你就是打破了规则。如果去商场，我们也会发现商场的楼层也是按照年龄划分的。比如“少女装”楼层、“中淑装（30～40岁）”楼层、“大淑装（40～60岁）”楼层及“老年装（60岁以上）”楼层。不同年龄的时装也一目了然。这种楼层布局，一定意义上也体现了朱丽叶所说的“年龄阶层”。

在众人都追捧Z世代的时代，我们的时尚消费文化明显忽略了中老年人的消费市场。但这并不代表，中老年人没有追求时尚的权利。也因此，我希望这本书的读者不仅仅只有年轻人，同样也应该有较为年长的人士。

---

1 Schiffman, Leon and Sherman, Elaine (1991), ‘Value Orientations of New-Age Elderly: The Coming of An Ageless Market’, *Journal of Business Research*, 22(2), 187 - 194.

第四节　如何降低年龄与外貌所带来的焦虑感

如前所述，我们每个个体的行为既受我们自身的影响，也受我们所处环境的影响。因此，如果要降低这种焦虑感，最简单的方式是更换那个让自己焦虑的环境。比如尽量少看那些引起自己焦虑的文章或者图片。如果忍不住要看时尚杂志或者媒体发布的内容，就不要拿自己与图片中的模特做对比，而是把自己想象成是图中的模特，这种方式不仅会降低你的焦虑感，还会让你感受到愉悦[1]。

如果减肥对你很重要，那么不妨多看一些健康杂志，而不是时装杂志。学者曾对女性阅读时装杂志时的心理状态与阅读健康杂志时的进行比对，发现虽然两者都强调“瘦”，但是两者对读者产生的心理压力是不一样的[2]。时装杂志看得越多的人，越容易产生身材焦虑，但同样是鼓励人们“瘦身”的健康杂志并不会这样。原因是时装杂志提供的都是梦幻般的、普通人根本无法达到的身材体形，并以此号召人们积极改变自己的身材。这种号召大多数情况下只会让读者更加自卑，这种自卑感增加了她们对自身身材的不满意度，最终导致她们要通过节食达到减肥目的。而健康杂志虽然也倡导瘦身，却是通过提供健康方案，比如适当运动、作息规律与饮食健康等，让读者依照这些方案，通过健康的方式来达到瘦身的目的，而不会引起身材焦虑。如果你的朋友圈主要以谁更瘦为美，那么可以考虑更换你的朋友圈，或者将自己的朋友圈拓展到那些更愿意包容不同美的人群中。总而言之，健康远比所谓的美丽更为重要，或者说，健康本身就是美丽。

好消息是，在经历过各界人士的诸多批评后，今天的时尚圈也正在做出积极的改变。最近几年的时装大牌秀及主流时装品牌所采用的模特，明显在族裔、年龄、身高、胖瘦等方面更多元化，甚至有的秀场还邀请了残障人士作为模特。这一切都说明，美，正在变得越来越多元。

1　Tiggemann, Marika，Polivy, Janet, and Hargreaves, Duane (2009), ‘The Processing of Thin Ideals in Fashion Magazines: A Source of Social Comparison Or Fantasy?’, *Journal of Social and Clinical Psychology*, 28(1), 73 - 93.

2　Swiatkowski, Paulina (2010), ‘Magazine Influence on Body Dissatisfaction: Fashion vs. Health?’, *Cogent Social Sciences,* 2:1.

第五节　女性与时尚

一、女性与时尚关系密切的原因

女性与时尚的紧密关系，在原始部落时代就诞生了。

凡勃伦在其《有闲阶级论》中曾解释过，早在原始社会，男女就已经有所分工，这个分工与我们传统观念中的“男主外，女主内”颇为相似。只是当时男性的对外工作主要是“战斗”——跟部落战斗、与野兽战斗（打猎）等；而女性则主要处理部落内部的事务性工作。也正是由于这种社会分工，让男性逐步变得“勇猛”。那时对“勇猛”的定义还停留在一个男人捕获了多少只野兽，成功击退或者战胜了多少部落等。因此，“勇猛”就成了男性在社会中权力与地位的象征——最勇猛的男人便理所当然地成为一个部落的首领。当他获得了一定的社会地位（首领）时，他就需要能体现这种身份与权力的象征。而捕猎与部落战斗获得的武器、奴隶和女人等就是男性征服世界的战利品，这些战利品也成为他作为一个男性或者一个男性领导者可以炫耀的资本。

作为“战利品”之一的女性，也就从这个时候开始成为男性的“附属品”——可以说，这种附属关系在今天依然存在。女性只有把自己打扮得更加漂亮才能够与其他女性竞争并最终博得男人的欢心。也正因为这个“取悦男性”的角色需求，女性在相当长的一段时间里被认为是“男性”的消费对象。女性消费时装与化妆品，而男性消费女性（通过消费欣赏女性的美）。以服装消费为例，数据显示，在全球服装零售消费中，女装销售占比 53%，男装 31%，童装则是 16%。这也说明了女性对于时尚消费产业的重要性[1]。

即使将时尚的消费史理解为就是一部消费女性的历史也不为过。一定意义上，时尚，就是被物化了的女性。这点从我们的以女性模特为主的广告上就可以看出。当然，随着男色消费的崛起，也许男性也可能会被物化，但相比较女性而言，还是差远了。

1　此为全球时尚产业数据统计（Global Fashion Industry Statistics）2018 年统计数据。

二、时装发展史也是女性独立的历史

可以这样说，时尚消费史既是一部女性消费时尚的历史，同时也是一部女性被男性消费的历史，但也是女性追求独立发展的历史。这就是女性与时尚之间颇有魔力的关系。

（一）着装与女性独立意识的萌芽

在西方，女性表达独立精神，希望获得与男性一样的平等权利（投票权、教育权等）最有代表意义的服饰是“裤子”。每当社会出现女权主义事件时，女性的仪表与着装都有以下几个共同的特征：女性会削短发，着装廓形遮盖了女性的曲线线条而以平面身材示人（可以理解为现在俗称的“平胸公主”），以及穿裤装。

比如二十世纪二十年代欧美流行的“女男孩”风格，也就是由莱昂纳多·迪卡普里奥（Leonardo DiCaprio）主演的电影《了不起的盖茨比》中，女主角黛西的主要着装风格。这种风格之所以会流行，与当时的社会思潮息息相关。当时正值一战之后，一战期间男性都上了战场，这迫使女性不得不出来工作。而在此之前，和同时期的中国女性一样，欧洲女性也几乎不外出工作。而为了工作，女性也必须将自己装扮得更加干练，削短发、穿裤装。可以说，这种着装既是为了工作便利的客观需求，也是女性独立意识的萌芽。战争结束后，这种装束成为一种流行。

不过，女性着裤装，穿男士西服，把自己打扮得像男性那样，在一些男权主义者看来，恰恰说明女人崇拜男人，是自信心不足的表现。在他们看来，真正的女权难道不该对自己的身份感到高兴与满意，让自己看上去更像一个女人，而不是男人吗?

在时尚圈，女权主义思潮至今依然存在。虽然从女权主义诞生至今已有一百多年，但事实上女性的社会地位在许多地方依然没有得到明显改善。而这也正是时尚存在的意义之一——用着装来表达自己内心对社会的看法，甚至是对社会不公现象的一种无声抗议。

（二）女性成就了时尚产业

女性不仅仅是时尚行业最主要的消费者，同时也是时尚产业的核心主力。整个时尚产业雇佣人数约 6000 万人，其中 70% 为女性[1]，这与女性在社会中所承担的角色息息相关。

1 全球时尚产业数据统计（Global Fashion Industry Statistics）。

时尚产业的发展离不开两个源头。其一是女性承担的家务工作。比如在西方，女性参与的“家政班（Domestic Management）”是今天服装设计教育的前身之一。同我们中国非常相似，女性曾经长期被禁止外出抛头露面。一般在外工作的女性只有两类人：一类是妓女，一类则是仆人（穷人）。十九世纪开始，欧美学校开设了“家政班”。这里的“家政”虽然听上去像是今天的“保姆”，但家政班的课程设置，比我们理解的“保姆”工作要全面、系统得多且更有知识性。这些课程主要包括家庭卫生的处理，烹饪，一些与做衣服相关的课程（比如裁剪、缝纫、刺绣等），家庭的财务管理，另外还包括许多礼仪课程（比如餐桌礼仪等）。由于家政服务中，裁剪、缝纫、刺绣也是一个主要的课程部分，这部分后期就逐步发展为今天“服装设计”专业的雏形。中国也曾有类似的现象，只是在中国这部分技能被称为“女红”。

其二便是纺织业的发展。虽然现在纺织厂几乎已经不需要人工作业，但在严重依赖人工作业的时代，纺织厂流水线上的工人几乎都是女性，所以才有“纺织女工”这一词汇。并且在古代，纺纱、织布、刺绣、缝纫几乎都是以女性为主，但在裁剪这个环节，却是以男性为主的。大概有两个原因造成了为什么裁剪者多为男性。首先，在古时，女性一般都不被允许接触外人，更不要说裁剪量体时可能会有身体接触，这样，当然还是男性做更方便。其次，可能也与体力消耗有关。到今天，裁缝依然以男性为主，无论是做纸样、裁剪，涉及面料搬运、使用设备熨烫、长期站立等较为消耗体力的环节，一般都由男性来做。

女性不只是充当了时尚产业的劳工，同时在许多国家与地区，也是时尚产业的主要奠基人。比如全球第一个时装周，也就是纽约时装周的前身，是由一位叫伊莲娜·兰伯特（Eleanor Lambert）的女性创立的。还有时装杂志《VOGUE》的主编大多也都是女性。虽然女性无论是在消费上还是作为从业者都为时尚行业做出了巨大的贡献，然而在时尚业的领导层，女性依然非常稀有。从每年发布的上市公司财报我们可以看到，国内鞋服公司的高管依然是以男性为主。好在国际一线品牌大多已经在改变这个现象，诸如开云（KERING）、普拉达（PRADA）、历峰（RICHEMONT）都在将提高女性在高层管理上的占比视为战略目标，以期从自身开始提高女性的整体社会地位。

第六节　男性与时尚

将“时尚”与“男性”相关联写一个段落真不是件容易的事情。记得有一次我做一场关于时尚消费的调研，需要找若干男性消费者。当他们听说这是一场关于“买衣服”的消费调研时，不约而同地说：“买衣服？那都是女人的事情，和男人有啥关系？”

不仅仅是中国男性，在相当长的一段时间里，很多其他国家的男性也都认为“时尚”“衣服”“美容”是女人的事情。无论是欧美国家还是东亚国家的男性都曾将“时尚”等同于“女性”，且他们大多都认为一个男人太讲究“穿”是很“娘”的事情。甚至为了让男人对得起“男人”这个词汇，在十八世纪末到十九世纪初，由英国男士发起了一场“男士放弃时尚运动”(The Great Male Renunciation, 也有译作“男性大弃权运动”)。这一运动发生在法国大革命(1789—1794 年)之后。法国大革命之前，各国贵族都效仿着法国皇室贵族男女的穿着——这些穿着的共同特征便是它们都富有装饰性，比如里三层外三层的衣服、蕾丝花边、荷叶边，还有各种华丽多彩的珠宝首饰，整个造型臃肿且复杂。他们将这种复杂的装饰视为“富有”与“贵族”的象征。而“男士放弃时尚运动”则旨在让男人专注于男人该做的事情，比如保持理性、投身事业，把美丽、时尚这些感性的事情留给女人去做。我们今天看到的男士西服，也是这个时候开始成为“流行”的。西服要比之前的贵族服饰简洁许多。不仅如此，西服越低调越好，越朴素越好，甚至面料上最好连条纹、格子这些图案都不要有。要让周围人的注意力放在男士个人的修养与事业上，而不是他们的衣服上。

这或许可以解释，为什么男士的衣服在数百年间，其款式一直都相对较少。不过时至今日，这个现象在“90 后”“00 后”这代男性身上有了显著改变——这代年轻的男士们，明显比他们的前辈更加热爱时尚。潮牌、球鞋、汉服的流行，一定程度上和这群爱美的男士有关，甚至连男性化妆品都开始热销了。不过，随之而来的，又是一种对男性性别的争论。在网络上，曾有个网友问我：“为什么女孩子穿男装，会被认为是‘酷’，而男生穿女装，会被认为是‘娘’？”

这真是一个尖锐的问题。中性装、无性别服饰这几年确实很火，这一定意义上既与潮牌的流行有关，因为潮牌本身可以是无性别的；而另外一方面也说明了年轻一代对性别的认知有了更加丰富多元的理解，他们尝试着打破很多对性别固有的认知。但如前所述，我们都是社会人，受当下主流社会的认知与价值观的影响，人们确实容易将服饰与人物特征联系起来。比如一个男生穿裙子，大概率就会被认为对自我的性别特征认知有错，或者至少是“娘娘腔”，但事实上两者之间确实没有必然的逻辑关系。所以我个人的建议是，如果你特别在意周围人的眼光，那不妨以主流价值观认可的方式来着装；如果你就想做自己，那就不要在乎周围人的眼光。这个世界上最痛苦的事情，莫过于想做自己却又很在乎他人的看法。

第七节　认识美的多重定义

2022 年一条新闻曾上了微博热搜，某演员晒旧照片被抨击“丑”。该演员对此回应：“美没有统一的标准……我们都是独一无二的我们。”

美，究竟有标准吗？

一、人类审美受哪些因素影响

影响一个人审美品位的因素有哪些？它们又如何影响了人们的审美？

人类审美因素可以从两方面来分述，一个是从审美者角度来谈，即审美主体——人；另一个是从审美对象来谈，即产品。除了上面我们谈到的个人对自己与社会的认知会影响审美外，个人的审美还会受到以下因素影响。

（一）人口统计因素

人口统计因素具体指民族（种族）、地理位置、性别、教育、收入等因素，这点非常容易理解。其实不仅仅是审美，我们每个个体的社会行为也都会受这些因素影响。比如不同民族的体形与肤色就不太一样，这也导致了我们对色彩的接受度也不一样。这也是为什么有些时候在某些地区或市场流行的产品或者色彩，换一个地方可能就不会流行。

（二）个人成长经历

我们对美的感受与我们的成长经历息息相关。那么，一个人的审美，究竟是天生的，还是可以后天培养的呢？学者们经过研究发现，审美既有天生因素，也与成长环境有关。教育是一种可以明显提升个人审美的方式， 这其中，又以青春期期间（10 ~ 20 岁）的教育最为明显。成长环境中让一个人经常接触到与美学相关的内容，比如经常欣赏艺术的人，肯定比从未参观过画廊的人要更理解美。

在个人成长经历中，还有一个相关的理论叫“怀旧理论”[1]，意思是怀旧是可以引起一个人对美产生共鸣的方法之一。比如，大多数人都会更容易对自己青少年时期曾读过的文学作品、看过的电影、打过的游戏、追过的明星产生共鸣，因为那会让人回忆起自己的青春。

1　Venkatesh, Alladi and Meamber, Laurie (2008), ‘The Aesthetics Of Consumption And The Consumer As An Aesthetic Subject’, *Consumption Markets & Culture*,Vol. 11, No. 1, 45—70.

（三）文化

文化指国家文化、地区文化、社区文化与家庭（族）文化。我们的审美也深受这些要素影响。在国内，无论是南北还是东西，文化差异都很大，因此从市场销售来说，畅销品在不同区域中的定义是不一样的。甚至一些家庭也会有自己的文化特色或者某些家规，这些都会影响一个人的审美。

（四）社会阶层

社会阶层无疑对审美有着直接的影响，但这里有必要区分有钱人与有品位的人。有钱人不一定有品位，反之亦然。虽然社会阶层划分大多基于经济水平，但也应该包括其他方面（比如受教育程度）。

（五）美学相关知识

我们个人对消费对象（产品）的认知同样会影响我们对美的感受。比如一个医生给另外一个医生看病，与给一个普通病人看病，两者的沟通对话大概率是不一样的。前者会出现很多专业术语，更有深度；后者只能深入浅出，且难以探讨过于专业的问题。在着装消费中也会有这样的现象。一部分具有专业知识储备的消费者虽然不是从业者，但他们对于审美也会有自己不同的见解。这也能够解释，为什么不同个体的审美差异会如此之大。这种审美其实不仅仅局限在对服饰的审美上，也包括对人的审美，以及对其他产品或者艺术作品的审美。

比如，公众人物脸书创始人扎克伯格的妻子陈慧娴曾被一些国内网民描述为“丑”。从他们的视角出发，那么有钱的人无论如何也该娶一位貌美如花的妻子。事实是，这些认为她不够好看的人，他们的审美标准不同。因为在大多数西方男士眼中，美是非常多元化的。比如，头脑聪明是一种美，体形健硕、热爱运动是一种美，性格开朗也是一种美……并且，相对于更容易衰败的容貌美，智慧、性格、运动或健身习惯明显更经得起时间的考验。

再比如时尚品牌经常使用一些大众觉得并不美的模特：雀斑脸、大牙缝、平胸、扁平脸等。其实这些选择背后都有特定的原因。首先是品牌公司想传递的价值观，鼓励大众接受更多不同形式的美；其次，时装品牌选择模特与大众审美有非常不一样的标准，时装品牌希望找的是“能一眼被记住的脸”，即使一个人看上去很美但是没有辨识度，大概率也不会在时装圈混得风生水起。在时尚圈，“辨识度”远比“大众美”更为重要——因为这是一个需要被快速记住的时代。

以雀斑为例，在国内许多人觉得满脸雀斑很难看，而在西方并没有这样的认知，大众觉得雀斑也是一种特色。再比如在中国我们常说"一白遮百丑"，但要论白，我们黄种人无论如何也不会比白种人白。而在西方，白种人反而觉得古铜色肤色才是美的，所以才会有人特意将皮肤晒黑。

美也与时代环境有关。不同时代对美的定义也会产生变化。在二十世纪八九十年代，如果有人在穿西服的同时给自己配双球鞋会被认为老土，谁知道今天这已然成为一种潮流了呢?

从个人角度而言，理解审美差异及背后的缘由，能让我们学会包容与我们不同的美。这也是社会文明进步的标志之一。同时也不必让自己陷入必须要达到某种特定的美的标准而因此产生的焦虑感中，比如一定要瘦到多少斤，脸一定要小到什么程度，肤色一定要白到什么程度等。换句话说，我们应当区分社会习俗与个人喜好之间的区别，一方面我们要注意社会习俗，另一方面也要避免让自己陷入对外表不自信的误区。

二、人们是如何判断审美品位的

学者的研究表明[1]，人们判断审美品位的方式各不相同。判断方式一般分为以下三种（表 1-1）。

表 1-1　审美品位的判断方式

判断方式	判断方式 1	判断方式 2	判断方式 3
审美驱动"器"	认知	认知与情感	情感与直觉
专业、审美品位的重要性	专业很重要	专业与审美品位都很重要	审美品位很重要
举例说明	作家、文学创作者	文学评论家	文学鉴赏者
	电影工作者	影评家	电影鉴赏者
	艺术家、艺术史学家	艺术评论家	艺术品鉴赏者
	音乐录音工程师	音乐家	艺术鉴赏者
	裁缝	服装设计师	时尚鉴赏者
	汽车工程师	汽车生产商	汽车鉴赏者
	—	品酒师	—
	—	产品 / 内装设计师	—
判断类型与决策过程	补偿模式与非补偿模式	认知与情感都需要	情感
	成本 - 利益分析模式	—	经验
	—	—	想象力

1　Hoyer D. Wanye and Stokburger-Sauer , Nicola (2012), 'The Role of Aesthetic Taste in Consumer Behavior', *Journal of the Academy Marketing Science*,Vol 40, 167-180.

在审美驱动器方面，可以分为三种类型：依赖于“认知”（人们获得知识、应用知识的过程），依赖于“认知与情感”，以及依赖于“情感与直觉”。就总体而言，对某件事物、产品越不专业的人，越依赖于个人情感与直觉；越专业的人，则越依赖于个人对这件事物或产品的认知。

如表 1-1 所示，同样是审美，从鉴赏者到创作者的审美驱动器是不一样的。前者更多依赖于情感、经验与直觉，后者更多依赖于自己的专业；前者可以被视为“业余爱好者”，后者则可以被视为“专家”。

而最后一行的“判断类型与决策过程”也解释了为什么专家的审美品位大多数情况下总是与业余爱好者格格不入。专家觉得优秀的电影、文学、绘画等作品，大众很有可能大呼“看不懂”；而大众喜欢的作品，专家可能又觉得过于普通甚至俗气。

我们以购买服装的决策过程来体现两者的区别。比如我是服装产业从业人员，对品牌、产品、行情、流行趋势比一般人知道得多。我购买服装的时候，大多会这样做：首先，我会选择我信任的品牌，这个信任不是基于我的消费经验（消费者经验），而是基于我对行业了解的经验（专业经验）。比如，我认识某些品牌的工作人员，这加大了我对这些品牌的信赖，我知道这些品牌的产品质量都很靠谱；再比如说，我了解某件产品的材料费多少钱、加工费多少钱，我用这样的零售价格购买，对方大概赚了多少钱，我用这个价格购买是否划算，这个过程就是上表中所列出的“成本 - 利益”思考模式。

其次，假如这个品牌可供选择的产品很多，而我为了节省时间，我如何选择到我个人标准下最适合自己的衣服呢？首先我会列出一些必须的条件：比如我需要的是连衣裙、印花、超长，那么输入这几个关键词，筛选结果范围就小很多，这就便于我更高效地做选择。这就是表中“非补偿模式”消费决策的意思。“非补偿模式”指人们通过排除某些无法达到硬性标准条件的产品，这样便于在更小范围内选取到适合自己的产品。我们通常在网络上先搜索相关关键词可以被视为一种“非补偿模式”。随后，当我们在更小的范围内选择产品时，比如店铺可能会显示 20 款与“连衣裙、印花、超长”相关的产品，“补偿模式”即我们通常说的“利大于弊”的决策过程。也许没有一款衣服堪称我心目中的“完美”，那么我就进行利弊分析，最终选择一件我认为好处多过弊端的衣服即可。

在普通消费者人群中，也会有一些与我一样的人。他们虽然不一定在服装公司工作，但由于个人爱好，会钻研相关的行情和知识，所以他们的消费习性与我上面说的案例可能是相似的——即更偏向理性。而大多数普通消费者，可能看不懂面料，对色彩也不那么了解，除了一些非常流行的品牌，可能很多品牌他们也并不认识，所以他们的消费过程大多是凭感觉相中哪件就买哪件。比如“感觉这个色彩很适合我”“某个图案很适合我”“某件产品的飘逸感我很喜欢”等，满足这些条件的服装就会购买。当然消费者大多也会做出些许理性判断。这种理性判断大多体现在对价格的关注度，但大部分消费者对价格的关注也是基于感觉的——“感觉这件衣服不值这个钱”，而不是基于自己对面料、色彩、加工行情的客观了解而做出的判断。

因此，从一个普通人的角度而言，如果想提升自己的审美品位，可以先从对自我以及产品的认知开始。而这也正是我写下本书的初衷。

三、大众是如何定义“美”的

大众的审美方式与专家显而易见地不同。关于大众消费审美有很多相关研究。以下是其中的几种。看上去这些是给专家看的，其实是为了启发读者如何从更专业的角度去审视美，提高对美的鉴赏能力。

（一）SP (Segment Prototypicality) 与 BC (Brand Consistency) 理论[1]：

1. 产品类别辨识度

这里的“产品辨识度”不是指产品独特的风格，而是指产品是否可以让人看出这是个什么类别的产品。对于消费者来说，一成不变的产品和让人看不出是什么产品或者看不明白的产品都不会太受欢迎。通常来说，大众更喜欢有一些变化但同时又不至于让人觉得看不明白的产品。这在一定程度上可以解释为什么T台秀上的服装往往难以让大众理解并接受——这些衣服的设计大多超越了大众能理解的程度。他们常常发出“谁会穿这样的衣服？”的疑问。不过，其实T台秀上的许多衣服本身是为了表达创作者的创作理念或者艺术概念，并非都是为了给普通人穿着用的。

2. 品牌风格连续性

通常来说，消费者都期待一家品牌的产品风格保持连续性。绝大部分品牌都会设法遵循这一原则。但是，自从社交媒体普及后，互联网逐渐渗透到我们的生活中，人们对同一件事物的专注度正在逐步削弱，“喜新厌旧”反倒成为主流。而这对于品牌是个不小的挑战，保持风格的连续性可能被新一代消费者认为“过于守旧”，但完全改变则又可能被视为“失去了品牌基因”。

3. 模仿性

研究表明，一家公司的副线品牌在设计上与其高端产品线有一定的相似度（模仿性）也会比较受欢迎。这也一定程度上解释了为什么高端品牌的副线通常会更加吸引消费者。

---

1 Liu, Yan，Lk, Krisa，Chen, Haipeng and Balachander, Subramanian (2017),‘The Effects of Products’Aesthetic Design On Demand and Marketing-mix Effectiveness: the Role of Segment Prototypicality and Brand Consistency’, *Journal of Marketing*,Vol 81, 83-102.

在时尚圈，最早开始“副牌”模式的品牌是 ARMANI（阿玛尼），从其高端线“Armani Collezioni”到“Armani Jeans”，每个品牌既有自己清晰的定位，也会保持阿玛尼一贯简约与优雅的风格。

（二）Paul Hekkert 理论[1]

该理论认为，“美”的产品应该有以下几个特点。

1. 能用最小（少）的方式提供最大（多）的效果

“少即是多”是由现代建筑大师路德维希·密斯·凡·德·罗（Ludwig Mies Van der Rohe）提出的，其意思是整体的产品设计应该是简洁的，其内涵都体现在产品的细节中。对于服装而言，成熟的品牌在外观设计上通常都看似非常简单，但其设计感与美感都体现在各方面的细节上，比如面料材质（亲肤感、柔软度等）、色彩设计、衣服的线条比例、服装版型的舒适度等。这同样可以解释为什么一些其实非常好的产品因其外观看似太普通而很难在网络上销售，或者为什么一些高端品牌一件看似普通的产品会售价很高，其中部分原因就是它们的内涵都隐藏于在网络上很难看到的细节中。但从消费者的角度去看，去仔细研读其内部的设计细节才可以找到真正的好产品。

2. 统一中又有变化

“统一中又有变化”也是普世性的设计原则。比如图 1-1 中的模特，橙黄色墨镜、橙黄色上衣与帽子，与灰色裤子交错，最后又呼应了一双橙黄色皮鞋，既是首尾呼应，又好像音乐韵律那般有节奏感。这即可被理解为“统一中又有变化”的一种具体表现。

图1-1

1 Hekkert,Paul(2006),‘Design Aesthetics:Principles of Pleasure in Design’,*Psychology Science*,Vol 48,2,157-172.

3. 在人们可接受的范围内，能看到最大的变化

这里有个重要的前提，“在人们可接受的范围内”，这与前一理论中提到的“产品辨识度”有异曲同工之处，即变化不能超出人们可以理解的范围，但与此同时，也要有所变化。如果人们看到某个品牌的产品总是很雷同，则也不会购买。因此，先锋设计师常常处于不被大众理解的状态，原因是他们的创作已经超越了人们可以理解或者可以接受的范围。当然这类设计师通常也并不在乎他们是否被理解，在他们看来创作本身就是为了创造前所未有的新事物。他们存在的价值不是为了让人们接受，而是为了创新。

（三）Vess、Spang 与 Grohmann 理论[1]

该理论认为，人们购买商品时，通常都会从两个方面评估商品：一个是从实用性，比如认为某些产品或服务“有用或没用”“有效或没效”“有需要或没需要”“实用或不实用”；另外一种则是从“精神愉悦角度”审视，比如“有趣或无趣”“枯燥或令人兴奋”“令人愉悦或令人不愉悦”“激动人心或无法激动人心”“令人享受或无法令人享受”等。毫无疑问，时尚的消费，主要是从精神愉悦度来看的。特别是女性消费，常常会“觉得好看”就买了。

（四）Homburg 与 Schwemmle 理论[2]

这个理则认为，大众主要从以下三个维度来评估产品美感：

① 功能——产品有什么功能？

② 美感——产品足够美？

③ 符号意义——产品能够给我带来什么符号意义？以服装为例，很多女性会说“我买这件衣服因为它能让我显得特飘逸，很有女人味”或是“让人显得十分高贵”等，这里“飘逸”“女人味”“高贵感”就是指一种符号意义。

这个理论与我曾经做的一个关于时尚消费的结果非常相似。我也将在下一章与大家做具体分享。

---

1 Voss，Kevin，Spangenberg，Eric and Grohmann,Bianca(2003)，‘Measuring the Hedonic and Utilitarian Dimensions of Consumer Attitude’,*Journal of Marketing Research*,Vol.XL,310-320.

2 Homburg,Christian，Schwemmle,Martin and Kuehnl,Christina(2015)，‘New Product Design:Concept,Measurement And Consequences’,*Journal of Marketing*,Vol.79,41-56.

小结

●认识时尚之前，先认识社会与自己

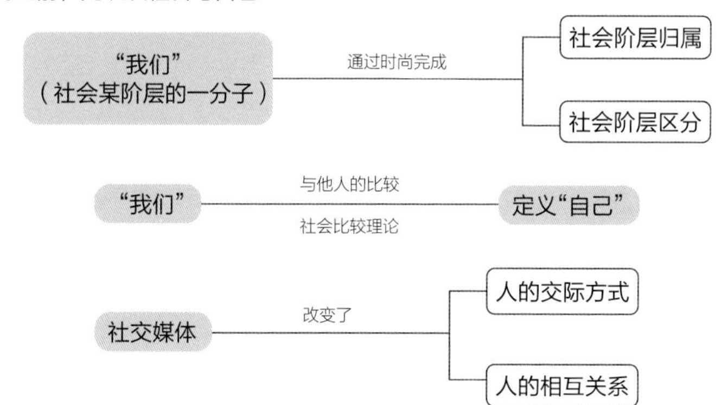

●认识我们的身体与年龄，并减少不必要的身材焦虑感

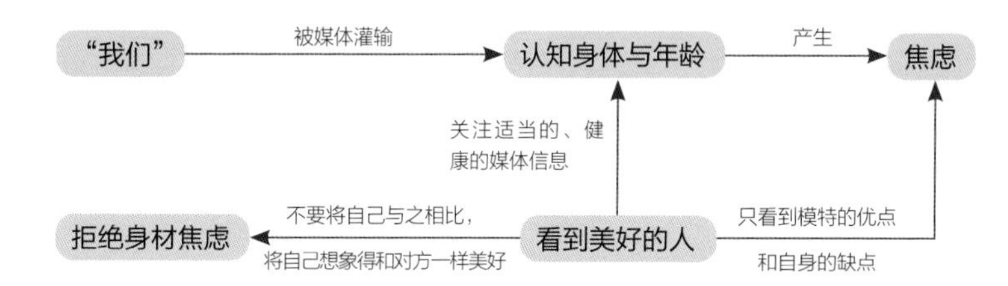

●女性与时尚

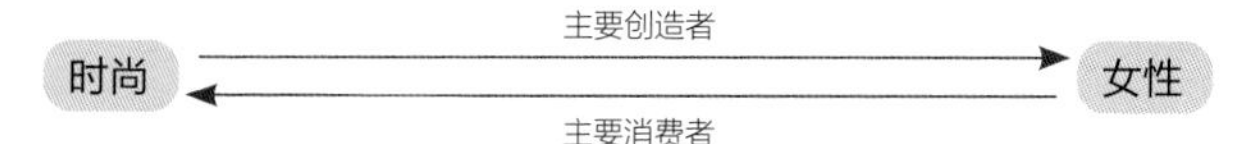

●男性与时尚

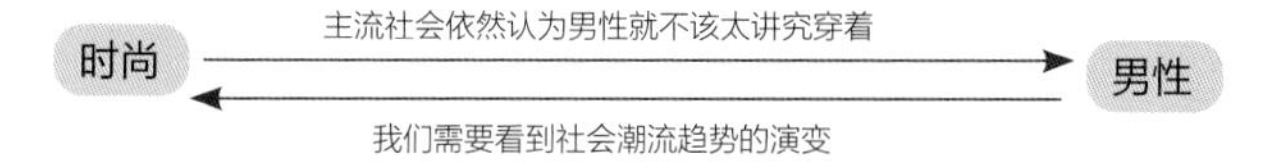

年轻一代的男性热爱时尚并不是一种错误。我们需要包容各类人群对美不同的看法。

●人们判断美的依据

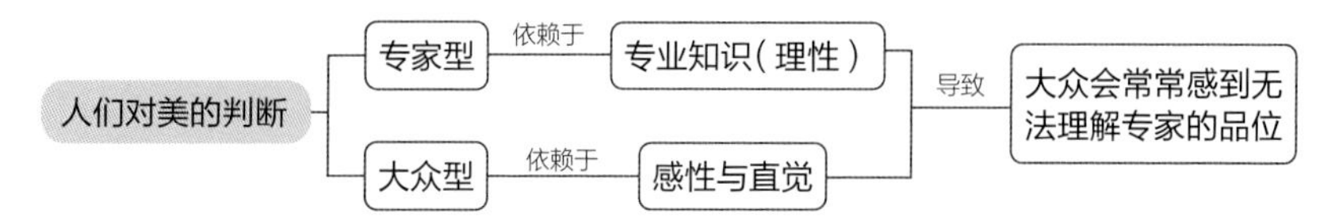

●影响人类审美的因素

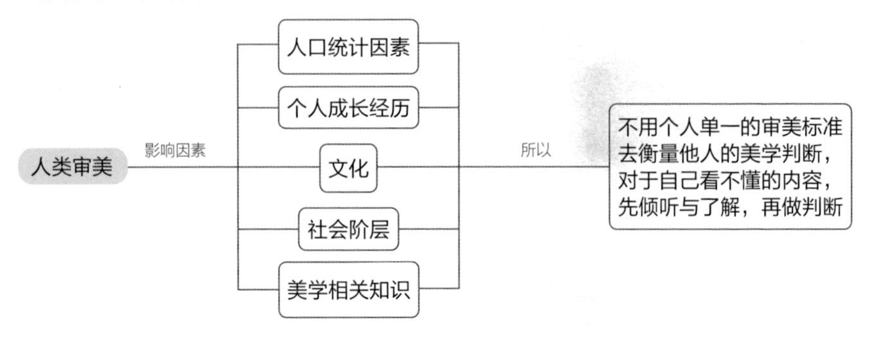

●定义美的四种理论

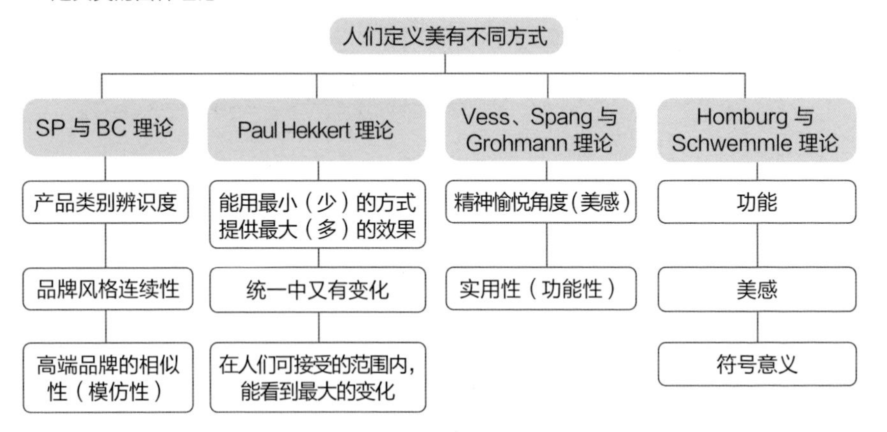

推荐阅读

1. 戴安娜·克兰，《时尚及其社会议题》，南京：译林出版社（2022）。
2. 罗兰·巴特，《流行体系》，上海：上海人民出版社（2016）。
3. 伊丽莎白·威尔逊，《梦想的装扮：时尚与现代性》，重庆：重庆大学出版社（2020）。
4.Barnard, Malcolm (2002), *Fashion as Communication* (2nd Edition), London: Routledge.
5.Davis, Fred(2018), *The Psychology of Fashion*, Chicago: University of Chicago Press.
6.Twigg, Julia(2013), *Fashion and Age: Dress, the Body and Later Life*, London: Bloomsbury Academic.

第二章
何为符合中国人气质的着装

第一节　中国人的气质

一、为何要谈中国人的着装气质

我在本书中将“气质”定义为一种人格魅力。这种人格魅力既包括了整体仪容仪表，也包括了言谈举止，透过这些表象，我们看到的是一个人内在的本质。在我看来，“有气质”并不等于俗称的“漂亮”或者“身材好”，在日常生活中，我们都应该碰到过一些我们觉得很有气质但绝对不是通俗意义上的漂亮的人。

在这里，我们谈的民族气质，则指区别于其他民族的性格、文化及外形特征。

为什么我们要谈中国人的气质呢？我认为这是我们作为中国人，于公于私都应当探讨的一个问题。

于公，我国近几年都在强调“复兴中国传统文化”[1]，并计划在2025年前做到“中华优秀传统文化传承发展体系基本形成……国家文化软实力的根基更为坚实，中华文化的国际影响力明显提升”。无论是当下的“（中）国风”热，还是“国潮（牌）”热，都说明了当下中国人对传统文化的热爱，已经不仅仅只是停留在口头上聊中国文化，更希望在自己的日常生活中对“中国式”的生活方式做出具体的实践，这也包括了具有中国文化特征的服饰。一个典型的案例是，虽然汉服的爱好者在多年前就存在，但数年前我们很少看到有人在日常生活中穿着汉服，而今天，我们不仅能在地铁、商场、风景区看到穿着汉服的男生、女生，还有专门为汉服爱好者组织的大型文化类活动。

1　新华社，“中共中央办公厅、国务院办公厅印发《关于实施中华优秀传统文化传承发展工程的意见》”，新华社，http://www.gov.cn/zhengce/2017-01/25/content_5163472.htm（2017），登录日期：2023年1月26日。

于私，随着越来越多的人需要经常出国旅游、办理公务，更多的中国人对树立自我着装形象也更为重视。比如，以前的明星可能只想穿国际大牌的服装，今天越来越多的中国明星会特别选择中国的设计师品牌出镜。对于政府官员、大学教授、商务人士以及其他作为中方代表对外交流的中国人士，都会思考“我应该穿什么样的衣服来凸显自己的中国人身份呢”。但同时大家又不希望着装选择仅仅局限于中山装、旗袍这样具象的传统中式服饰。很明显，大众更希望看到更加多元化的中式服装，也就是现在我们行业内常常称呼的“新中式”服装。

也因此，在我们谈究竟什么样的衣服适合中国人时，我们需要先了解中国人的气质到底是什么。

二、何为中国人的气质

以目前已出版的著作来看，最早正式谈“中国人气质”的是一位美国人。这本书的名字就叫《中国人的气质》[1]，作者是在中国生活了大约 50 年的传教士明恩溥 (Arthur Henderson Smith，1845—1932)。他是最早向西方系统地介绍中国人、中国社会与文化的西方人之一，同时也是对中国人很友善的一位西方人士。正是在明恩溥等人的推动下，美国于 1908 年正式宣布将庚子赔款的半数退还给中国，用于资助留学生去美国留学。《中国人的气质》是一本难得的可以客观看待中国社会与中国百姓的书，它既没有盲目的赞美，也没有毫无事实依据的乱评，所以至今都还在出版。

虽然明恩溥观察的是近百年前的中国社会，但其许多评价依然很适合今天的中国人。在明恩溥的描述里，中国人勤劳、坚韧不拔，非常孝顺仁慈，做事情讲究灵活的同时却也很固执；与此同时，中国人喜欢讲面子，说话拐弯抹角，做事缺乏诚信也是他认为需要改善的问题。

另外一本值得研读的关于中国人气质的书是辜鸿铭先生的《中国人的精神》[2]。辜鸿铭与明恩溥一样是一个精通中西文化的人。他少年时期就在欧洲游学，熟练掌握英、法、德、拉丁、希腊、马来西亚等多种语言，长期通过西方媒体为中国人发声。虽然这两部作品都著于百年之前，但时至今日读来，依然令人感慨大家不愧是大家，他们的作品总可以经得起时间的考验。

根据中西文化与哲学的相关理论，我将中国人的民族气质总结为以下几个特点，这些特点都影响了我们的美学观念从而影响了我们的着装意识。

---

1 明恩溥，《中国人的气质》，南京：译林出版社（2012）。

2 辜鸿铭，《中国人的精神》，天津：天津人民出版社（2016）。

（一）骨子里的不同：中国人的“和谐”与西方人的“科学”

每个民族都有自己伟大的历史，且人类也共享许多普适性的价值，但客观地说，中国人在骨子里与西方人确实不太一样。这种不一样，是从根本的思维开始的。如果我们要分别为中国人与西方人的思维方式打一个关键词标签，且这个标签能让我们与西方人显著分开，那么“和谐”是对中国人最好的描述，而“科学”则是对西方人最好的描述。

“和谐”的意思就是指和周围的社会关系处于和平的状态，这具体包括了：

① 避免冲突；

② 和周围人建立良好的关系；

③ 花费时间与精力建立良好的个人关系；

④ 通过个人关系建立商务关系。

中国人对“和谐”的热爱体现在方方面面，但由此思维引出了我相信中国人都很熟悉的两个关键词：“关系”和“面子”。

“关系”

学者YANG[1]将此定义为“指基于双方的兴趣与利益所建立的人际关系”；Lee等学者[2]则认为它是“根据互惠互利原则建立的个人间的关系”；也有人认为，关系既是“社会资本”[3]，也是“社会资源”[4]，关系在我们的社会无处不在。

“面子”

面子在我们的生活与工作中也无所不在！酒桌上，如果你被邀请喝酒，你不喝，你就是“不给人面子”；办公室，你要是当面反驳你领导的观点，那你是不给你领导面子；即使是陌生人间，请对方给自己一个通融，也是“给面子”。希望别人给自己面子，自己也考虑到给别人面子，也是我们中国人日常生活中很重要的文化现象。

---

1 Yang, Mei Hui (1994). *Gifts, Favors,and Banquets.The Art of Social Relationships in China*, Itahaca: Cornell University Press.

2 Lee,Dong-Jin,Pae,H.Jae and Wong,Y.H.(2001), ‘A Model of Close Business Relationships in China’,*European Journal of Marketing*, 35(1/2),51 - 69.

3 Bian,Y.J.(2001), ‘Guanxi Capital and Social Eating in Chinese Cities:Theoretical Models and Empirical Analysis’, Lin,N.,Cook, Karen and Burt,S.Ronald(eds.), *Social Capital:Theory and Research*,275-295,New York: Aldine de Gruyte.

4 Luo,Yadong(1997), ‘Guanxi and Performance of Foreign-invested Enterprises in China:An Empirical Inquiry’, *Management International Review*,37(1):51 - 70.

看到这里，大家也许会好奇，难道西方人不讲究“关系”和“面子”吗？他们当然也有，但两者的程度是完全不一样的。中国人对关系的维护，“关系”与“面子”比“真相”更重要。就拿职场来说，如果我们的领导说了某些话，其实我们作为下属并不认同，甚至认为这种言论根本就是错误的，但下属大概率都会保持沉默。这个沉默的原因，一是我们认为维护好和上级的关系更为重要；二是反对领导的意见也是不给领导面子。但在西方社会，大多数人不会为了不伤害关系而违背真相，他们大多会当面说出事实情况，而不是为了维护关系不去点破问题。而这也与他们的基因相关，西方文化的基因是基于“科学”，所以他们通常是用理性思维来思考问题，喜欢用严谨的逻辑来辩论，对于他们而言，挖掘真相并坚持真理比维护和谐的关系更重要。

而这些思想同样影响着我们的着装行为。举例来说，正是我们中国人的和谐思想基因，以及对关系和面子的重视，让我们特别看重“集体观”；而西方则大多是“个人主义至上”。

这体现在着装上便是，中国人着装时，总体很在意“周围人怎么看我”，买衣服的时候也多会问周围人的看法——“好看吗？”“怎么样？”一旦有一个人说“不好看”，自己可能就会很受影响。大多数中国人很在意别人的看法，不希望自己在集体中太特别，鹤立鸡群，一定意义上也可以被视作集体观的一种表现，体现在着装中就可能相对显得比较保守。而西方人在着装方面，更多的则在意个人感觉，甚至尽量穿得个性化是他们所追求的目标。

爱面子在着装方面还体现在喜欢相互攀比，这点尤其在年轻人和年长者居多。大学生住宿舍，如果同学或者同寝室的人买了某双名牌球鞋，自己也特别希望有一双，或者至少那个品牌要比对方好。

（二）含蓄表达

中国人的文化，乃至整个东亚文化，都属于“高情境文化”[1]。“高情境文化”指人们相互之间沟通更多是含蓄的、模糊的，需要自己去内化思考对方说的话到底是什么意思。与之相对的则是“低情境文化”，这种文化中，人们的沟通是直接与清晰的，西方文化主要属于这类文化。明白这一点也会让我们理解为什么那么多外国人刚来中国谈生意的时候，都会提到自己不太理解中国合作方的意思。谈判当中，中国人很少直截了当地拒绝对方，很可能会说“以后再说吧”“我们再商量下”“再看看吧”。如果都是中国人，你会明白这就是对方在婉拒你的意思。但是不明白中国文化的外国人大概率就会真的耐心等候对方再次邀约自己进行谈判……

而我们在美学上的表达也是这样“含蓄”与“低调”的。

---

1 Hall, Edward. (1973), *The Silent Language*，New York:Anchor Books.

中国美学大家李泽厚先生将“含蓄美学”[1]视为中国传统艺术中重要的美学标准。他认为这也是儒家学说中“仁爱与真诚”的体现。他认为“追求相似与不相似之间的微妙……相似（现实）阻止了感官的完全抽象或完全自由的联想”。具体体现在我们的传统服饰，无论是上衣下裳还是一件裁到底的长袍式服装，最终都是运用了“似与不似”的概念，让人的身体以隐约的形式透过轻盈的面料显示出来，因此中国传统服饰是平面的，不显露人的身材的，而不是像西方的服饰那样直接立体地展现个人身体。

（三）避免不确定因素——保守

中国人骨子里也更倾向于避免不确定因素。从人的本性来说，大多数人都不喜欢不确定因素，我们都更喜欢稳定的、可预见的环境，但中国人会更在乎这点。从美学倾向来说，这种为了避免不确定的因素，导致大家穿衣更加保守。比如大多数人都更愿意尝试自己熟悉的穿法，而不是自己不熟悉的规则，比如新的色彩、新的廓形。他们担心这种新的尝试，可能会导致某种风险的增加，比如被别人奇怪的眼光盯着。与其如此，选择现有的、传统的，至少是安全的。

这种趋于保守的基因，一定意义上也解释了为什么一些年轻人的文身、破洞牛仔裤、甚至穿着异性服装会被一些年长者反对。在这背后，与我们的儒家文化根源也有一定的关系。儒家文化非常强调社会道德与伦理规范，而着装自古也是社会伦理道德规范的一部分。事实上，这也并非中国独有，西方在历史上也曾将着装与人品、道德画等号。不过西方随着几次社会思潮运动，人们打破了许多传统的规则。比如英国的“摇摆伦敦”就是这样一种运动。“摇摆伦敦”是一场由英国青年人发起的旨在打破所谓的传统文化的反叛式文化思潮。即使你不身处文化产业，你也一定知道甲壳虫乐队（The Beatles）、滚石乐队（The Rolling Stones）。在时尚产业方面，伦敦在这个年代所创造的最有名的一款衣服就是至今依然风靡全球的迷你短裙（Mini-dress），由英国设计师玛丽·奎恩特（Mary Quant）所创造[2]。这种刚刚盖过臀部长度的裙子，充满了活力，是对青春最佳的诠释，也是大胆暴露女性身体的表现。“摇摆伦敦”还号召“性解放”。而朋克时尚之母维维安·韦斯特伍德（Vivienne Westwood）正是受“摇摆伦敦”思潮的影响，才在二十世纪七十年代开设了她那家著名的名为“SEX”的时装店铺，并逐步形成了其特有的混合了摇滚、朋克的时尚风格。当然这不代表我们也需要向他们学习。对于依然比较主流的社会习俗与认知，一方面我们应表示理解，另外一方面我们也应该尽量避免以服饰来论断人的道德。

1　李泽厚，《华夏美学》，武汉：长江文艺出版社（2019）。

2　在业内并非所有人都同意这一观点，但大家都认同是她带火了迷你短裙。

第二节　为何长袍诞生在中国，西服诞生在欧洲

为了更好地体会文化根源的不同为中国人和西方人的着装理念带来了怎样的影响，我用长袍与西服来解释，以便大家更形象地理解什么是中国人的着装气质。我认为对于当下正在探索“中国式现代化”道路中的我们，也是有一定借鉴意义的。

为什么长袍诞生在中国，西服诞生在欧洲？这个问题看似无关紧要，但其实这个显而易见的差异背后，恰恰体现了中西文化根源的差异。从形上来说，西服立体、面料硬挺、凸显身型；长袍平面、面料柔软、遮盖身体。这种形式上的美学，看似偶然，其背后的根源，恰恰是中西双方思维与文化的差异。

首先讲一个客观因素：西服诞生在英国，长袍诞生在中国，一定程度上与英国盛产羊毛，而中国盛产丝绸有关。前者面料在民国时就被称为“硬料”，后者被称为“软料”，因为面料属性不一样，因此，两者的裁剪方式与缝制方式也不一样。但这一客观因素并非唯一的原因。

一、两者对身体认知的不同

中西方文化中对身体的认知是不同的。在西方的美学理念里，身体是美丽的，是应当被展现的，这主要来自古希腊文明。因此在西方艺术史上，我们必定会看到裸体雕塑，以及绘画中的裸体人物。但在中国传统艺术中，我们从来不会看到裸露的身体。因为在中国的美学认知里，身体是应该被遮盖而非向外展示的。紧身合体的西服能彰显身体的健美，而宽松的长袍则将人的身体遮掩在面料之下。

二、美学理念的不同

前面谈到了我们中国人性格总体内敛、低调、含蓄，这在一定程度上源于我们的主流文明是农耕文明，非常依赖于土地，重视家族血缘；西方是海洋文明，经常需要赤膊上阵与天地斗。所以如果要将这种异同体现在着装理念上，西方人的着装是奔放且开放的；中国人着装更注重含蓄之美。

其实至今，我们还能普遍看到类似的比对。同样是领导人夫人出席隆重的场合，同样穿礼服，西方的外交官夫人会穿低胸、露肩的礼服；但我们中国外交官夫人着装都以端庄、含蓄为主，几乎没有见过谁穿低胸、露肩礼服。

三、科学发展的不同

科学的诞生，特别是数学、几何学的发展，将西方裁剪技术从依靠感觉和经验的裁剪方式推向了科学裁剪方式。在现代西方裁剪技术（也是我们今天依然在采用的裁剪技术）发明前，西方人的裁剪主要复制成衣的裁片，或者把人体每个相关部位都量一遍，才做出了一件能让人穿上的衣服。这个时候西方人甚至没有精准的量体工具（而中国在商代就有了可以度量长度的古尺）。所以做出来的衣服虽然也是西服，但不够合体。而数学和几何学的发明，让人们得以利用数学公式来推算各个部位的具体尺寸，包括人体弧线的弯度，这些都得以让西方裁剪技术走向精准[1]。

西方裁剪技术在十九世纪中叶随着西方人的到来而被传入中国。而在此前，中国长袍在裁剪技术上是非常简单的。它几乎就是十字形裁剪。形象些解释，将一块面料对折后，在中间挖个洞，两边缝合，再装两个袖子。这种裁剪技术并不涉及复杂的数学公式，也没有省道（一种处理人体胸腰差、腰臀差的裁剪技术）概念。我们现在看到的现代合体旗袍，就是传统旗袍采用了西方裁剪技术后的产物。

四、对环境的不同认知

除了因为科学发展带来的差异，中国古人对自然环境的敬畏心理，也就是我们常说的“天人合一”思想，也是我们在历史上长期穿袍服的原因。我国古人做衣，尽量以减少面料浪费为主，而上述平面的十字裁剪法恰恰最大化地利用了面料，甚至局部留下的碎料也会被充分利用在一些诸如袖笼的细节部分[2]。而西式裁剪方式，事实上到今天都还是很浪费面料的。根据面料门幅、具体款式、排版技术不同，每款衣服大约会产生15% ~ 30% 的面料废料，也因此，纺织废料也是当今服装纺织行业最主要的浪费源头之一。由此可见，即使是我们传统的文化与技艺，它们对我们现代人的生活方式依然很有启迪意义。

---

1 Ashdown S.（2007）, *Sizing in Clothing*, Boston & New York :Wood Head Publishing.

2 邵新艳，“华服十字形结构与现代服装设计研究”，《艺术设计研究》2013年1月刊，40-44页。

五、男女授受不亲的传统文化

在男女间的关系方面，中国人还非常讲究“男女授受不亲”的原则。而古时只有男性可以外出工作，所以裁缝都是男性[1]。在男女授受不亲的时代，裁缝只能通过肉眼来评估一个人的身体尺寸。平面式裁剪一定意义上也帮助裁缝规避了男女尺寸不同的问题。

当然，除了上述客观存在的文化与技术因素，中国人的体形特点与欧美人差异也很大。中国人总体偏瘦小，欧美人高大；中国人体形扁平式，欧美人则胸高点高，胸围大，体形偏厚；两者肤色也不一样等。这也是为什么很多欧美服装品牌刚进入中国的时候，普遍会碰到尺寸或者版型问题。欧美人偏爱的低胸领，过大的胸围，过深的袖笼，还有色彩体系调整都是他们要为中国消费者逐步调整的方面。

所以如果总结中国人特有的着装气质，我认为主要有以下几点：

① 总体风格“含蓄”，而非“奔放”。

② 对身体的态度以“包裹”为主，而非“显露”。

③ 如何看待着装与社会关系的看法：是“集体主义观”还是“个人主义观”？是将着装视为纯粹的私事，将着装视为个人主义的表现，还是觉得自己应该融入所在的社会环境中？比较符合中国人惯性思维的是集体观，但这不代表中国人没有个性。下一节我会分享中国大众消费者是如何表达自我个性的。

④ 对人与环境关系的看法：从我们的传统来说，我们自古就讲“天人合一”的理念。只是过于注重经济发展导致了我们对环境的忽略，而服装纺织行业也是一个重度污染行业。在最后一章，我会再就这个问题与大家做进一步分享，以及我们应该如何重拾这个宝贵的传统。

当然，我写这一章节的目的并不是号召所有的中国人都必须穿“中国人”的服饰，毕竟当下时尚的选择丰富多彩。只是在这个多元化的世界里，假如您特别希望在日常生活中体现自己作为中国人的文化特征，希望我的分享能对您有所启发。

1　不过到今天，裁缝都以男性为主，因此除了外出工作的原因，还有其他原因。比如大众普遍认为裁缝的工作也是一个体力活儿，男性似乎更适应这种工作。

第三节　中国大众消费者如何看待“美”

中国大众消费者又是如何定义“美”或者“好看”的服饰的呢？通过调研，我发现中国消费者对“美”的定义可以分为四大维度，分别是“技术维度”“符号维度”“视觉维度”与“社会维度”。

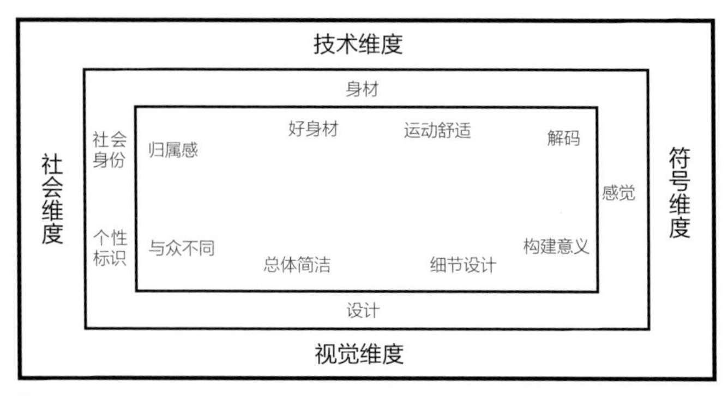

图2-1

一、技术维度：身材

这里“身材”的含义是——能让身材更好看的服装。这是男性及女性在解释自己对“美”的定义时，提出来最多的一个要素。那么什么才是“能让自己的身材更好看”的服装呢？无论男女，他们用得最多的词是“扬长避短”，其次是“修身”。再进一步说，到底什么是“扬长避短”呢？对女性而言，就是能帮助她们遮掉“肚子”“粗腰”“粗腿”“粗胳膊”，以及“显腿长”“显腰细”；而对男性而言，最重要的是“遮肚子”“显胸肌”。

我之所以将体现身材归为“技术维度”，是因为服装要起到修饰身材方面的作用，更多主要靠制版师傅的制版技术。所以一件好的服装的诞生，除了设计师的功劳，还有其他岗位人员的尽心尽力。

二、视觉维度：设计简洁大气

大众认为“好”的设计就是“简洁大气＋独特的细节设计”。

首先解释下“简洁大气”这个词。大众对类似的描述还有其他的词汇，比如“简

注：这场调研我们以线上及线下的形式访谈了近400名消费者，男性与女性样本比例为30：70；消费者包括了“70后”“80后”“90后”及“95后”；城市包括了一线、新一线、二线、三线城市；职业尽可能地多元化。因为我们的调研目标是大众市场，故此次的调研样本主要聚焦在月收入12000元以下的群体。本部分也曾出现在本人的《资深买手宝典手册》及《时尚商业概论》中。

单”“大方”“简洁”“简约”“大气”。在让消费者选择五张他们认为最能代表他们心中“美”的带有鞋服配饰类产品的图片并解释为什么他们认为这些产品美时，他们都提到了因为这些产品很“简洁（简单、大方、简约、大气等）”，这是他们选择的第一原因。男性尤其如此，约 40% ~ 50% 的男性提到了这一点，女性占比则相对没那么高，平均在 16% ~ 28% 之间，但也是第一原因。

那么，什么是消费者心目中的“简洁大气”呢？就是“整体外观看上去简单”“色彩单一（不要太花）”。这其中，“色彩”又是消费者在产品外观设计方面最为注重的要素之一。首先，在色彩方面，大众消费者最中意的还是“中性色”，也就是我们平时说的黑色、白色、灰色、棕色、咖啡色这些色彩饱和度不那么高而且是日常中常见的颜色。这点结论也许并不让人意外，不过在接下来的“符号意义”部分，当消费者解释为什么他们更喜欢这些色彩时则会更有趣。这里暂时只是先提出现象与结果，原因将在下一部分讲述。其次，大部分消费者认为简单的色彩通常指一件衣服不要有太多颜色，最好是单色的。

那么，接下来就需要解释何为“独特”的细节？这里就要呼应我在上节提到的，中国大众虽然大多看上去穿衣很保守，但是他们并不是没有自己的穿衣个性。这里独特的“细节”就是他们体现“个性”的方式。虽然这些个性在专业人士看来，可能是极其普通的。比如，这些细节可能只是一种特别的领型、下摆或袖口，又或者是口袋处做的一些特殊工艺处理。这些细节在专业人士眼里可能很普通，却是消费者眼中的“个性”。

三、社会维度：社会规范性

在对美的定义方面，男女消费者都提到了着装必须既能让周围的人接受，同时还要适合自己。这个结论在大家回答“美是否重要以及为什么”时，再次得到了印证。在回答“美是否重要”时，除了“70 后”男性这个占比是 80%，其他年龄段 90% 以上的人都认为“美”很重要。而在回答“美为何重要”时，男性和女性的回答总体一致，但重要优先顺序有所差异。男性排名前三的原因分别是：为了社交、令自己自信以及让自己心情好；而女性排名的前三的原因分别是：令自己自信、为了社交，以及可以让自己有好心情。

社交在此处的含义，引用被调研者的原话来说，比如“让别人觉得自己靠谱”“值得信任”“给自己带来更多合作机会”“便于开展工作”“能引人注意”“被尊重”“不被他人异样看待”“留给他人较好的第一印象”“自己是个认真的人”“自己与旁人是同类人”“自己是合群的人”“自己是得体的人”“让别人更了解自己”等，即美是为了让人对自己产生好的印象。

可见，相当一部分消费者，将着装视为社交身份认同的一部分。美能让自己更加充满自信、心情愉快，这是男女的共性。如果我们将这两个因素都归结为自我感觉，那么相对来说，男性更认同美为了社交的意义大于它所带来的自我愉悦与自信，女性则与之相反。

我们的研究发现，大部分的中国消费者都不希望自己的穿着在人群中过于突兀。大众群体更需要社交安全感，他们追求的个性仅局限在安全范围内，即上述谈到的“细节设计”。

如果用一个公式[1]来表达中国大众消费者认可的“美”，则是：“总体设计简洁 + 细节设计”的衣服。

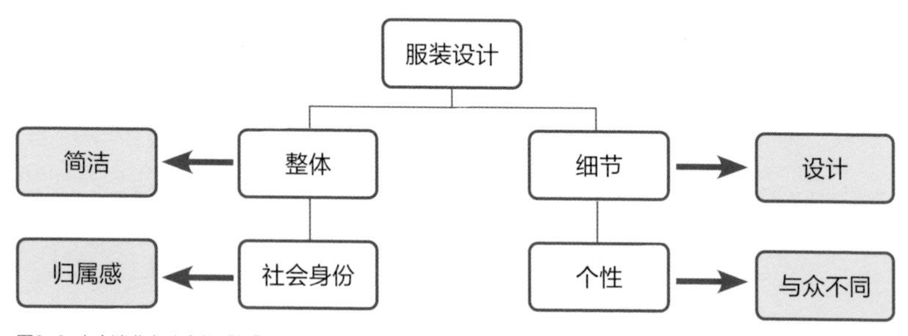

图2-2 大众消费者认为的“美”的服装

“总体设计”需要得到周围社会环境的认可，但同时，他们用“细节设计”来凸显自己的个性。

消费者具体如何来实现上述公式将在下面的“符号意义”部分解释，即消费者究竟是如何解释这些细节设计所赋予他们的个性的。那么消费者是如何判断一件衣服是否足够美呢？超过 80% 的消费者都是以适合自己为美的判断标准。这个适合自己，主要指适合自己的身材、身高、肤色、身份、职业与年龄。

1 作者根据前文中所提到的调研结果所作。

这里特别值得一提的是消费群体对时尚穿搭的理解，参与调研的消费者几乎都有他们自认为正确的穿搭知识。比如，什么样的色彩适合自己的肤色，什么样的款式、版型适合自己的体形、身高，什么色彩应该配什么色彩，什么衣服可以让自己减龄，什么衣服可以让自己显瘦等——虽然，这些知识在专家眼里不一定是正确的穿搭理念。比如几位女性消费者都提到自己喜欢穿超短 A 字裙，因为这类裙子既可以显自己腿长，同时又能遮住自己大腿最粗的部分，但是事实上并非如此。这也说明，我们在美学及服饰的普及方面还有很多的工作要做。

而在判断某件衣服或某双鞋子是否适合自己时，消费者主要注重的产品维度则包括：色彩、风格、款式、品牌、细节、面料、版型、印花及百搭性。

女性的产品维度要素与男性差异不大，但两者先后顺序有些差异。对于女性而言，排名首位的依然是色彩，随后是款式，再其次是风格。后续的则依次是面料、版型、品牌、细节、搭配、百搭及廓形。而男性则更在乎产品的品牌。这个可能与男性更喜欢买运动鞋有关，因为运动鞋涉及功能，所以品牌是质量的保证，相对于女性更在乎产品本身，男性更在乎品牌（因为品牌代表品质与身份）。

45% 的女性与 35% 的男性都视色彩为他们关注鞋服产品的第一产品维度。那么什么色彩最受欢迎呢？首先是诸如白色、黑色、深蓝色、黑白蓝搭配色、驼色、灰色等无彩色或中性色的色彩，其次是诸如红色、橘色之类的高饱和度色彩，再次是浅色系。我们会在下面深入解释色彩在中国大众心目中的意义，以及为什么卖得最好的是可能专家看起来比较普通的中性色。同时也因为大众对色彩搭配的注重，我将在第五章重点讲解色彩理论部分。

最后一点关于大众是如何为衣服构建“符号意义”的，我将在第六章与大家做详尽分享。另外在第四章里，我也将同时分享具有中国文化特点的中国设计师的品牌作品，希望借着本书能让更多读者关注我们本土设计师与品牌的发展。

小结

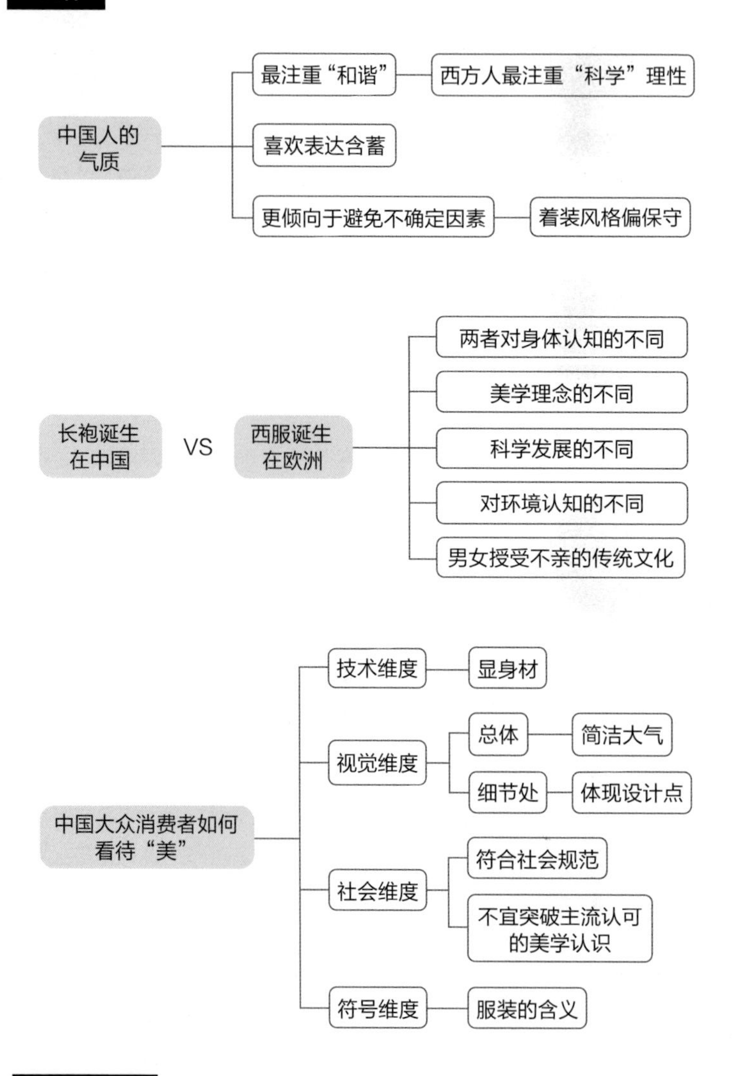

推荐阅读

辜鸿铭，《中国人的精神》，天津：天津人民出版社（2016）。
李泽厚，《华夏美学》，武汉：长江文艺出版社（2019）。
明恩溥，《中国人的气质》，南京：译林出版社（2012）。

第三章 衣橱必备款

虽然近百年来，我们的服装款式已发生了巨大的变化，但其实从基本款式设计来说，它们并没有产生本质的变化。只是随着每年流行趋势的不同，在廓形、长度、面料、图案、色彩以及一些细节上出现了变化，但它们的基本特征没有改变。其实，流行就是一个不断螺旋上升的现象，从历史中找到款式，再将流行元素赋予它们，是设计师设计产品的方式之一。今天，这些款式既是我们日常着装的基本款，也是流行中已经经过了时间考验的经典款。在这一节中，我们除了介绍这些款式的基本特点，也会介绍它们适合的场合、流行变化趋势及背后的文化故事。

第一节　外套

一、女装

（一）西装与西服便装

图3-1

1. 特点

虽然流行趋势在不断变化，但西装自从进入女性衣橱后，就再也没退出过。西装最大的特点是它的面料、裁剪及工艺比一般服装都要讲究更多，这也是区别一套西服好坏的重要标志。关于这点，本书将在下面的技术与应用篇再做详细说明。形式上，西装则多为单排扣、翻领、带口袋。

2. 适合场合

西服在传统上属于正装，但现在有越来越多的休闲式西服了。这种休闲感主要体现在面料与版型上。版型上越来越宽松，穿法上也不再局限于要扣纽扣，面料也多用休闲面料，比如灯芯绒、粗花呢等。所以西服本身也有不同风格，根据不同风格选择适宜的场合穿搭即可。

3. 搭配

以前只是搭配正装套裙或者正装西裤，但今天可以搭配牛仔裤，以及偏休闲感的印花中长款连衣裙，甚至在西装里面穿套头卫衣也可以。

4. 流行趋势

比较明显的趋势是逐步走向宽大的版型，长度偏长，整体看上去休闲轻松。

（二）波雷诺小外套

图3-2

图3-3

1. 特点

这是一种来源于十九世纪斗牛士服装的短夹克。斗牛士斗牛需要穿一种轻便的且能让身体易于行动的短小夹克，这就是这类服饰诞生的背景——要知道当时很多女性还穿着笨重夸张的胸衣与裙撑。其主要特点是短小，可以带门襟，也可以不带门襟，中长袖、长袖均可，门襟有弧线、直门襟、斜门襟等不同形式。

2. 适合场合

这种款式早期主要用于搭配礼服。女士穿的礼服通常是吊带无袖的，外面披一件这样轻便的小外套就很方便。现在这个款式也拓展到了休闲装，一般都是针织面料，运动完后套在运动装外面也很方便。

3. 搭配

取决于面料与款式。如果是运动针织面料做的，一般搭配运动、休闲装。如果是丝绒类面料做的，主要是搭配礼服。

4. 流行趋势

其流行特点主要体现在长短（但基本都不会过腰）、面料与色彩的变化。

二、男装

男式晚宴装

图3-4

1. 特点

这是一种半正式的男式晚宴装（更为正式的是燕尾服），也是一般宴会中“black tie”（美国称为“tuxedo”）的着装要求。

最早诞生于十九世纪的英国，其最显著的特征便是黑色领结。因为属于晚宴着装，面料特别讲究。一般是高档丝绸或者羊毛面料。翻领领面需用真丝面料，有光泽感。一般都是黑色，双排扣或单排扣，翻驳领或青果领均可。

2. 适合场合

在西方正式场合较为常见，比如颁奖礼、就职典礼、正式晚宴等。

3. 搭配

这种搭配一般都是固定的，所以订购时也都是以套装方式订购。

4. 流行趋势

这属于一种正式的宴会装，至今依然遵循传统穿法。

三、休闲运动装

（一）卫衣

图3-5

1. 特点

卫衣可能是当下运动与休闲服里最为主流也是最为基本的一款服饰。卫衣主要分为两种，一种是套头卫衣，一种是全拉链卫衣，有带帽与不带帽之分。通常由棉或者涤棉针织面料做成，版型宽松。

2. 适合场合

卫衣总体是休闲款服饰，比较适合休闲场合。不过随着潮牌成为流行趋势，卫衣也会出现在诸如舞会之类的比较讲究个性穿搭的场合。

3. 搭配

同接下来要讲的球衣一样，这类服装主要内搭 T 恤，下配牛仔裤或者运动裤（卫裤）。但随着混搭风与中性风逐步成为主流，搭配长裙、毛衣，或者叠穿套头卫衣均可。

4. 流行趋势

卫衣的流行主要体现在色彩、版型以及印花图案上。近几年卫衣的版型越来越宽大，有的款式会采取全印花面料。

（二）球衣

图3-6

1. 特点：

通常指橄榄球球服。一般长度到腰部，领口、袖口及下摆口带针织螺纹，全拉链门襟。大身与袖子使用撞色面料。

2. 适合场合

原来只是在运动场上穿的球衣，随着我们的日常生活走向休闲化，现在已经渗透到我们的日常生活中了。另外这个款式也是潮牌和运动品牌的必备款式。

3. 搭配

传统中，这类服装主要内搭T恤，下配牛仔裤或者球裤（卫裤）。如今随着混搭风与中性风逐步成为主流，内搭长裙、毛衣，或者叠穿套头卫衣均可。

4. 流行趋势

近年球衣类服饰比较明显的趋势是走向宽大的版型(oversize)，让整体看上去很休闲宽松，搭配风格更加多元。在面料上变化也很多，已经从原本单纯的印制logo或者图案，发展成印花或者拼色面料了。

（三）抓毛卫衣

图3-7

1. 特点

通常由涤纶面料做成仿羊毛的摇粒绒或者单面绒所做的卫衣，也是休闲装、运动装的常用款。面料手感毛茸茸的，让人感觉很舒适。通常开口拉链，也有半开口拉链。相比于球衣，它最大的特点是轻便。

2. 适合场合

生活中的休闲场合都很适合。

3. 搭配

根据具体款式不一样，搭配可以多样化。这个款式搭配休闲衬衫、T 恤、短裙、牛仔裤、长裙均可。

4. 流行趋势

版型上也有走向宽大的趋势。另外，拉链门襟有的会被设计成纽扣或者其他开合方式，配色采用撞色也很流行。混纺工艺、大印花、大图案也会用在现在这种轻便的运动服上。

（四）飞行夹克

1. 特点

最早用皮革制作，为了让飞行员穿着防风保暖的一款短夹克产品。在领口、袖口、下摆都有良好的收口设计，这种收口要么是螺纹针织收口，要么是使用暗扣。门襟一般用拉链。

2. 适合场合

生活中的休闲场合都很适合。

3. 搭配

除了搭配常规的牛仔裤，飞行夹克也很符合当下的混搭风，与卫衣叠穿，内搭连衣裙，配高跟鞋、球鞋均可。

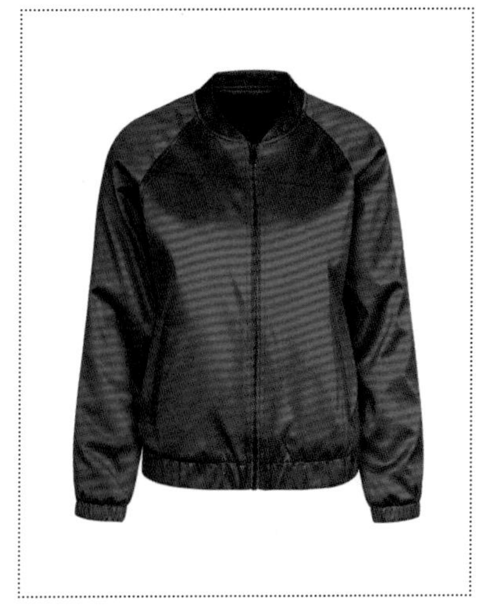

图3-8

4. 流行趋势

首先现在这个款式已经不仅仅局限在使用皮革材料了，较为广泛的是使用涤纶、尼龙或者运动针织面料。版型也以宽大为主。

（五）骑手夹克

图3-9

1. 特点

骑手夹克也是运动服品牌的主要款式之一，原本是为了给摩托车手骑车穿的。与飞行夹克一样，骑手夹克一般也强调保暖挡风功能。所以设计上较为紧身合体（包裹严实可以防风），领子、袖口都做收口设计，衣长比一般飞行夹克更长。

2. 适合场合

骑手夹克目前主要用于骑行，且在户外穿着较多。

3. 搭配

一般和运动服、牛仔休闲服搭配。

4. 流行趋势

面料更多元化，除了皮革，运动针织面料、防水面料都可以做成类似款式。目前市面上拼料拼色款较多。

四、厚外套

（一）风衣

图3-10

1. 特点

一种防风雨的薄型大衣，其款式特点是大翻领、前襟双排扣、右肩附加约克、开袋，绑腰带、插肩袖，有肩襻、袖襻，防水，一般是中长长度。这个款式由巴宝莉 (Burberry) 发扬光大，并从此成为该品牌的经典款式。

2. 适合场合

秋季必备的外套款式。

3. 搭配

里面多搭配西服（男士配领带或者不配领带均可）、偏正装的毛衣。

4. 流行趋势

今天时装款的风衣设计更大胆，比如肩部做成脱肩式、倒穿（开口在背后）、去掉袖子等。不过大部分还是保留了经典的款式，只是采用了更多样化的面料处理方式，比如色彩、印花等。

（二）户外外套

图3-11

1. 特点

由格陵兰岛地区的因纽特人发明，主要有御寒功能，是户外品牌服装常用的一类秋冬款式。最早，这类衣服都是用动物皮做的，帽子带毛边，主要为了御寒。传统的Anorak的面料具有防水功能，带帽，腰部有抽绳；Parka则通常会填充人造棉或者羽绒以达到保暖御寒效果，带帽，领口、腰部通常会用抽绳作为收口，袖口用襻扣。

2. 适合场合

主要是户外御寒所用。

3. 搭配

冬季休闲款服饰均可搭配。

4. 流行趋势

因为保护动物的原因，现在一般地区都很少采用动物皮制作衣服了。现在大多做成棉服（里面夹棉），外观款式变化并不大。

（三）短厚大衣

图3-12

1. 特点

来源于十九世纪英国工人的服装，毛料制作，属于短款大衣。肩部及前胸有薄型材料制作的补丁贴布是其最典型的特色，这里原是为了写工人服务的公司的名字，或者使用亮色的补丁替代，以便夜晚工人作业时可以被行人或车辆看见。

不过，由于图片版权关系，无法找到完全一样的图片。这里的图示在廓形、长短上非常相似，但真正的“短厚大衣（Donkey

Jacket)”在肩部还设计补丁贴布，一般由 PVC 制成。

2. 适合场合

休闲与户外场合均合适。

3. 搭配

搭配一般的休闲西服、毛衣、牛仔、正装。

4. 流行趋势

流行变化不大。

(四)羽绒服

图3-13

1. 特点

羽绒服是冬天的必备款式，也是当今的厚外套里款式变化最大的服装了。其主要特点就是内胆是由鸭绒或者鹅绒填充制作的。相比于其他厚外套，羽绒服最大的优点就是既轻薄又很保暖。

2. 适合场合

冬季必备款式。

3. 搭配

羽绒服现在款式非常丰富，里面搭配正装、休闲装、裙装均可。

4. 流行趋势

近些年羽绒服款式变化非常大。不仅变得更加轻薄保暖，在款式上也有许多变化。比如以前的羽绒服不但多为单色，而且以黑、白、灰为主，近几年则出现了更多的色彩，并使用印花面料。廓形上也分为直筒形、A 形和 O 形。在版型上，也有合体型、宽松型和超宽松型。

（五）连帽的粗呢大衣

图3-14

1. 特点

由一种名为Duffle的厚质粗羊毛面料制作而成，是传统的英式服装。诞生于1890年，曾流行于英国海军。其主要特征是粗花呢面料、连帽，门襟处有四颗木制或海象牙制的扣子，衣长及至大腿中部。

2. 适合场合

秋冬季外套。

3. 搭配

这个款式内搭偏正式或休闲的服装均可。

4. 流行趋势

流行趋势变化主要体现在纽扣的形式与材质上。纽扣材质不再局限于木材或者海象牙，也可使用绑带替代，且色彩更加丰富。毛呢面料也不再局限于单一色彩，有的会使用印花的面料。

（六）海军呢双排扣大衣

图3-15

1. 特点

这是一种原来由海军穿的厚羊毛做的双排扣大衣。其特点是短款、宽大翻领、双排扣、斜插袋或者竖袋。

2. 适合场合

秋冬季户外都很适合。

3. 搭配

休闲装和正装与之搭配都适合。

4. 流行趋势

这种短款大衣是常年流行的经典款。近期变化主要体现在面料颜色不再局限于单色，也包括色织面料（纱线染色）、印花面料等。其他方面诸如纽扣大小、材质以及领型大小等也发生了改变。

第二节　上衣（衬衣、T 恤、背心）

一、女装

（一）吊带贴身小背心

1. 特点

女性夏季必备款式。其最主要特点是吊带设计、轻便简单，穿起来非常凉爽与舒适。

2. 适合场合

特别适合休闲与度假。如果在工作场合穿着，一定要搭配外套才显得更为得体。

3. 搭配

这种内搭款式，几乎适合所有的衣服，而且搭配什么衣服就呈现出什么样的风格。配西服外套加半身裙，很适合职场；配牛仔裤则很休闲；单独配半身裙则凸显度假风。

图3-16

4. 流行趋势

这也是经典款式。除了一般黑、白、灰的基本色，面料也呈现多样化，棉针织、真丝、印花都很合适。短款、中长款都有，吊带可细可宽。

（二）环领背心

图3-17

1. 特点

无肩无袖的一种环颈、背后镂空的上衣。

2. 适合场合

特别适合休闲与度假。如果在公司穿，则要注意领部不可过于低，否则弯腰很容易走光。

3. 搭配

同上述的吊带款式搭配一致。

4. 流行趋势

同上述的吊带款式发展一致。

二、男装

便服衬衣

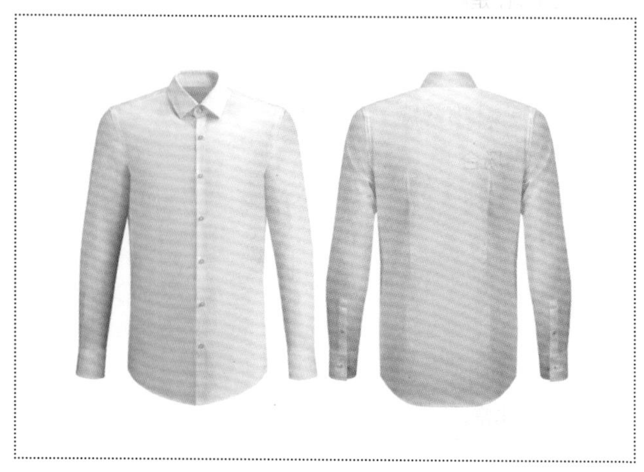

图3-18

1. 特点

男士必备款式，是一种带领及袖口的轻便男式衬衣。女装也有这类衬衫，两者只是裁剪版型不一样。

2. 适合场合

取决于面料与设计风格，正装衬衫适合正式场合，可佩戴领带；休闲衬衫则适合休闲场合。

3. 搭配

取决于面料与设计风格，正装衬衫更适合搭配西服，休闲衬衫则适合休闲装。

4. 流行趋势

一般来说，正装衬衫都是用丝绸或者丝毛做的，现在也有涤纶或者涤纶混纺材质的，若佩戴领带，领子领角处一般有一粒小纽扣固定。休闲装多用棉、涤棉混纺等面料制作。程序员最钟爱的格子衬衫可以说是休闲衬衫中最典型的代表，这个款式已经成为经典必备款式。流行趋势的变化主要体现在面料、色彩、格纹及搭配风格上。

三、休闲运动装

（一）Polo 领 T 恤

1. 特点

Polo 翻领的套头 T 恤，是网球装、高尔夫球装、橄榄球装常用的款式。

图3-19

2. 适合场合

严格意义来说，这是所有 T 恤里唯一适合出现在职场休闲场合（日常着装）中的 T 恤款式。

3. 搭配

这款带领 T 恤可以搭配休闲式正装，也适合纯休闲场合。可以上身搭配休闲西服，下面搭配休闲卡其裤；纯休闲风格则可以搭配牛仔裤等。

4. 流行趋势

在印花与色彩上更为丰富。这个款式一般也会采用撞色设计。

（二）撞料 T 恤

1. 特点

领口、袖口使用不同面料，也是 T 恤的基本款式之一。

图3-20

2. 适合场合

严格意义来说，圆领 T 恤只适合在办公室以外的场合穿着，它属于典型的休闲装。只是如今办公室着装也更讲究舒适与休闲，除了一些大型企业，比如外企或者国企对着装还有特定要求，许多企业已经不再强调这些传统的着装规则。不过，在正式的工作场合，还是应该避免穿圆领 T 恤。

3. 搭配

一般适合搭配休闲式西服外套，或者运动卫衣、牛仔裤。

4. 流行趋势

在印花、图案色彩上更为丰富。版型上则更趋向于要么很修身，凸显身材，要么就很宽大，潮牌这样设计的比较多。

（三）半开襟 T 恤

图3-21

1. 特点

是一种将 Polo 领去掉翻领部分的半开襟 T 恤，有长袖也有短袖。

2. 适合场合

典型的休闲款式服装，适合职场或者休闲场合。

3. 搭配

一般在夏天主要搭配运动卫裤、牛仔裤以及休闲裤。这款 T 恤也是秋冬季节最舒服的内搭款式之一。

4. 流行趋势

同上款，在印花、图案色彩上设计得更为丰富，版型上的变化趋势也与上款相同。

（四）A 形背心

1. 特点

属于无袖 T 恤，整体版型很宽松。男女都适合，女性穿着时里面需要另外搭配抹胸或者可外穿内衣。

2. 适合场合

典型的休闲款式，也是潮牌经常设计的款式。这种服饰一般不适合出现在办公室。

3. 搭配

女生一般搭配热裤（超短裤）或牛仔裤。男生可以搭配休闲长裤或短裤。

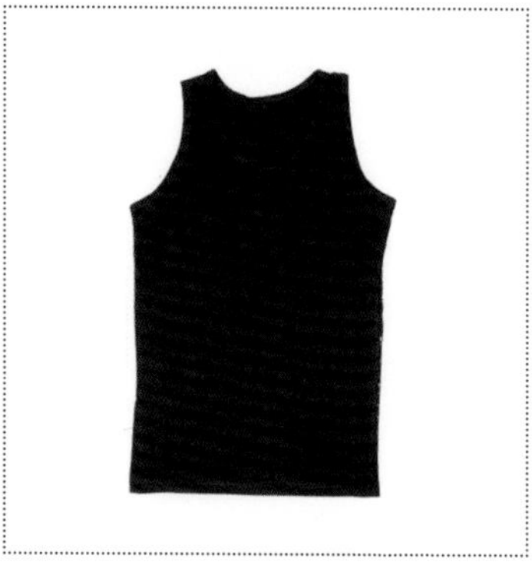

图3-22

4. 流行趋势

即使是一般的白色或黑色款式，也会显得很时髦。现在则更多的是印花 logo 设计，版型上更加宽大，甚至可以当作女式的长裙穿着。

第三节　裤装

一、女裤

（一）窄脚裤

1. 特点

脚口窄小的一种合体型裤子，通常面料有一定弹性。牛仔裤和休闲裤较多采用这种版型，也被称为“铅笔裤”。

2. 适合场合

适合日常正装与休闲装。

3. 搭配

这也是百搭款式。如果搭配休闲式西服和高跟鞋，出现在办公室也很帅气。这种裤子上身也可以搭配连衣裙，裙长到膝盖以上，再穿上高跟鞋，显得很有女人味；搭配球鞋和卫衣，很适合户外休闲。

4. 流行趋势

流行变化主要体现在色彩与印花上。

图3-23

（二）裙裤

图3-24

1. 特点

是一种结合了裙子与裤子特点的低裆宽松式裤装。穿着舒适轻便。这个款的缺点在于如果太长且裤口太宽，走路容易踩到裤脚从而导致摔跤。

2. 适合场合

适合日常正装与休闲装。

3. 搭配

裙裤比较宽大，远看像裙子，所以适合的搭配也很多。基本上裙子能够搭配的款式，裙裤也都可以搭配。既可以搭配正装，也可以搭配诸如卫衣、牛仔外套之类的休闲装。

4. 流行趋势

其流行变化主要体现在细节上，比如长度与裤口宽度的变化。另外，面料也很多元化，以前通常使用梭织面料，现在有的品牌会使用轻薄、垂感较好的针织面料。印花与色彩的变化也是其中的流行趋势。

（三）哈伦裤

图3-25

1. 特点

是一种低裆（可以低到脚踝处）裤子，裤口收口。最早来自中东服饰，二十世纪初期由法国设计师保罗·波烈（Paul Poiret）带入欧洲并从此成为时尚款式。

2. 适合场合

适合休闲及旅游时穿着。

3. 搭配

也是百搭款。上身搭配休闲西服与吊带背心，或者搭配背心、牛仔外套、卫衣。

4. 流行趋势

其流行变化主要在于裤裆位置的高低，以及面料的印花与色彩的不同。

（四）工装裤

1. 特点

诞生于十九世纪末，旧时作为工人工作时的工服裤。它更像我们平时说的“背带裤”，没有袖子、领子，主要便于作业，属于连体裤。这种裤子的问题在于如厕不太方便。

2. 适合场合

它原本是一种职业服装。现在是年轻人比较喜欢的休闲裤装。

3. 搭配

从流行角度而言，它通常适合与休闲服饰搭配，比如内搭 T 恤、休闲衬衫、薄型卫衣等。

4. 流行趋势

其主要流行变化在于面料上的不同。

图3-26

（五）连体裤

图3-27

1. 特点

连体裤。与工装裤不同的是它有袖子与领子。

2. 适合场合

适合休闲与度假时穿着。

3. 搭配

连体裤单独穿不做任何搭配也可以，或者最多外面搭配一件容易穿脱的外套。

4. 流行趋势

其主要流行变化在于色彩与印花的改变上。

二、运动休闲裤

（一）百慕大短裤

图3-28

1. 特点

是一种长至膝上 2.5 厘米左右的半宽松休闲短裤。它的名字来自炎热的百慕大，这种裤子在这里被认为是适合男性的正装裤，上面可配领带与休闲西服，下配长袜。事实上，现在时装 T 台上也有这样的搭配。

2. 适合场合

通常适合休闲与度假时穿着，但如上所述，现在它也会被作为时装与正装搭配出现在工作场合。

3. 搭配

通常作为休闲服与 T 恤或者卫衣搭配，但现在也可以与西服等正装搭配。特别是近几年很多人线上办公，上身穿西服，下身穿休闲短裤在很多地方都很流行。

4. 流行趋势

百慕大短裤也是男女到夏天都必备的裤装款。传统中，这种裤子主要由卡其布（一种休闲风格的棉质面料）制作，现在运动品牌也会使用运动针织面料设计成运动款，或者加上印花与更多色彩等。

（二）打底裤

1. 特点

贴合腿型的一款弹力裤。原本是芭蕾舞裤，及士兵保暖腿部的一款裤装。作为日常服装，也主要是为了搭配女生的短裙，或者冬天作为打底保暖穿着。瑜伽裤版型与此相同，但瑜伽裤因为要便于运动，故在材料选择和细节处理上要求更多些。

2. 适合场合

更适合休闲场合，同时随着瑜伽运动的流行，除了在运动时穿着，更多人将它变成了日常着装。

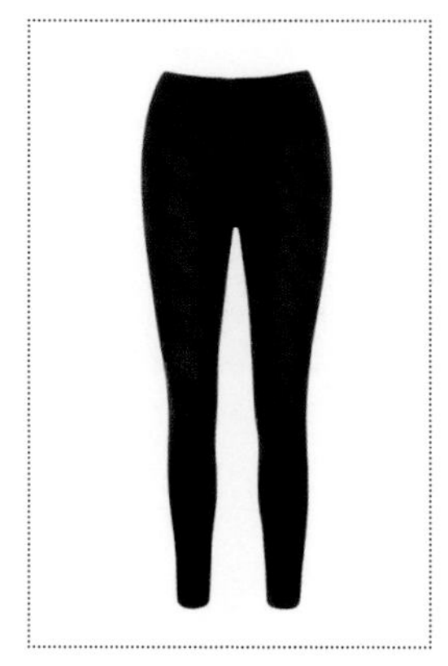

图3-29

3. 搭配

除了搭配运动装，现在这款裤装的搭配也非常多样化。女生可以搭配在短裤或者裙子之下，男生可以搭配在短裤（比如百慕大短裤）之下。

4. 流行趋势

随着瑜伽运动的流行，这款裤子的变化趋势主要在于面料拼接、色彩与印花上。

（三）喇叭裤

1. 特点

喇叭裤是一种从膝盖处往下，裤口逐渐变大的裤型，多为牛仔裤。

2. 适合场合

休闲场合及日常办公穿着。

3. 搭配

除了搭配运动休闲装，还可以搭配休闲西服。

4. 流行趋势

这类裤子的变化主要在于裤口的大小，比如有的开口小些，有的开口大些。

图3-30

（四）卡普里裤

图3-31

1. 特点

长度及至小腿肚的较为合体的休闲类裤子。这个款式从二十世纪五六十年代开始在欧洲流行，并逐步成为休闲款的必备款式。

2. 适合场合

休闲场合及日常办公穿着。

3. 搭配

除了搭配运动休闲装，也可以搭配休闲西服。

4. 流行趋势

这类裤子的变化主要在于口袋样式、面料和色彩。

第四节 裙装

一、连衣裙

（一）衬衣裙

图3-32

1. 特点

上半身是正装类衬衫款式的连衣裙。

2. 适合场合

休闲场合及日常办公着装都很适合。

3. 搭配

在混搭风之下，除了搭配运动休闲装，还可以搭配休闲西装。

4. 流行趋势

传统的衬衫裙使用单色或者印花真丝、棉、涤纶梭织面料。现在还会使用针织面料与梭织面料结合，或者全部都采用针织面料。色彩与印花则跟着流行趋势走。

（二）紧身裙

图3-33

1. 特点

一种紧身且无袖的连衣裙，其紧身效果主要通过腰部的省道（减少人体臀腰差的裁剪技术）或者活褶达到效果，通常腰部没有分割线，是明星、名媛钟爱的款式。这个款式的最早灵感来自埃及艺术作品，画像中的人所穿的服饰就是紧贴身体的紧身款式。

2. 适合场合

通过搭配不同的服饰，几乎适合所有场合（所以也是必备款式），从日常正装到舞会、约会都可以穿着。

3. 搭配

如果在办公室穿着，应穿一件正装或者休闲正装的外套，裙长不宜过短，不应该短过膝上 2.5 厘米左右。舞会、度假、约会则完全可以单独穿着。

4. 流行趋势

这也是女性衣橱的经典必备款式之一。流行变化趋势主要在裙装长度、腰线高低、面料与色彩的变化上，但始终保持“紧身”的版型。

（三）直筒裙

图3-34

1. 特点

直筒式合体连衣裙。相比于紧身款连衣裙紧紧包裹着身体，直筒裙则是合体型版型。两者在裁剪技术上的处理也不一样，直筒裙主要在胸部周围收省道（收掉胸腰差），而紧身裙则收的是臀腰差。

2. 适合场合

与紧身裙相同，通过不同的服饰搭配，几乎适合所有场合（所以也是必备款式），从日常工作到舞会、约会都可以穿着。

3. 搭配

与紧身裙相同。

4. 流行趋势

与紧身裙相同，只是版型略显宽松。

（四）太阳裙

图3-35

1. 特点

凡夏日穿着的轻便的、非正式场合搭配的无袖连衣裙都可称为太阳裙。吊带款、宽肩款、落肩款均可，长短都有。

2. 适合场合

女生典型的度假、旅游、约会着装。

3. 搭配

休闲场合的百搭款式。无论是单独穿着，还是外搭针织外套、西服外套、牛仔外套，甚至卫衣都可以呈现较好的效果。

4. 流行趋势

流行变化主要在长短、色彩与印花的变化上。

二、半身裙

（一）A 摆裙

1. 特点

从腰部到下摆的线条形状好像英语中的大写字母 A 的形状。也是女生裙子必备款式。

2. 适合场合

根据搭配的上装不同，可以在日常职场与休闲场合穿搭。

图3-36

3. 搭配

完全的百搭款式。在办公室穿，搭配针织上衣或外套加衬衫，则凸显职场风；休闲时穿着，则搭配卫衣、毛衣、衬衫甚至 T 恤均可。

4. 流行趋势

流行趋势主要在面料、裙长、印花及色彩的变化上。

（二）褶裙

1. 特点

用有规则的活褶做出的半身裙。如果褶很细密，就成为好像扫帚般的“扫帚裙”了。

2. 适合场合

根据搭配的上装不同，可以在日常职场与休闲场合中穿搭。

3. 搭配

与 A 摆裙相同，也是百搭款式。

4. 流行趋势

流行趋势主要在裙长、印花及色彩的变化上。

图3-37

（三）普拉瑞裙

图3-38

1. 特点

有多层荷叶边的大摆长裙，与 A 摆裙、褶裙被视为最经典的三款半身裙。当然这些半身裙款型也一样可以应用在连衣裙上。

2. 适合场合

就总体而言这是一款适合所有年龄女性及所有场合的裙子。日常办公及休闲度假时均可穿着。

3. 搭配

上身可搭配西服外套、卫衣外套，与不同款式的上装搭配可彰显不同的风格。

4. 流行趋势

流行趋势主要在色彩与印花的变化上。

（四）灯笼裙

图3-39

1. 特点

下摆抽褶缩起，裙身好像灯笼一样。一般都是短裙。也有少部分长度到脚踝的灯笼裙，但这种灯笼效果没有短裙那么明显。

2. 适合场合

就总体而言这是一种年轻女性钟爱的款式，但在办公场所，一般不适合穿着短于膝上 2.5 厘米左右的裙子。这种款式显得比较活泼可爱，更适合在休闲场合出现。

3. 搭配

上身可搭配西服外套、卫衣外套、衬衫或短衫。

4. 流行趋势

流行趋势主要在色彩与印花的变化上。

（五）伞裙

图3-40

1. 特点

腰部抽出许多碎褶，裙子形状像打开的伞一样的半身裙。与褶裙不同的是，褶裙的褶是有规律的条形，而伞裙是靠在腰部抽出的碎褶而形成的效果。

2. 适合场合

与灯笼裙很相似，这是一种年轻女性钟爱的款式。更适合休闲场合。

3. 搭配

与灯笼裙相同。

4. 流行趋势

与灯笼裙相同。

小结

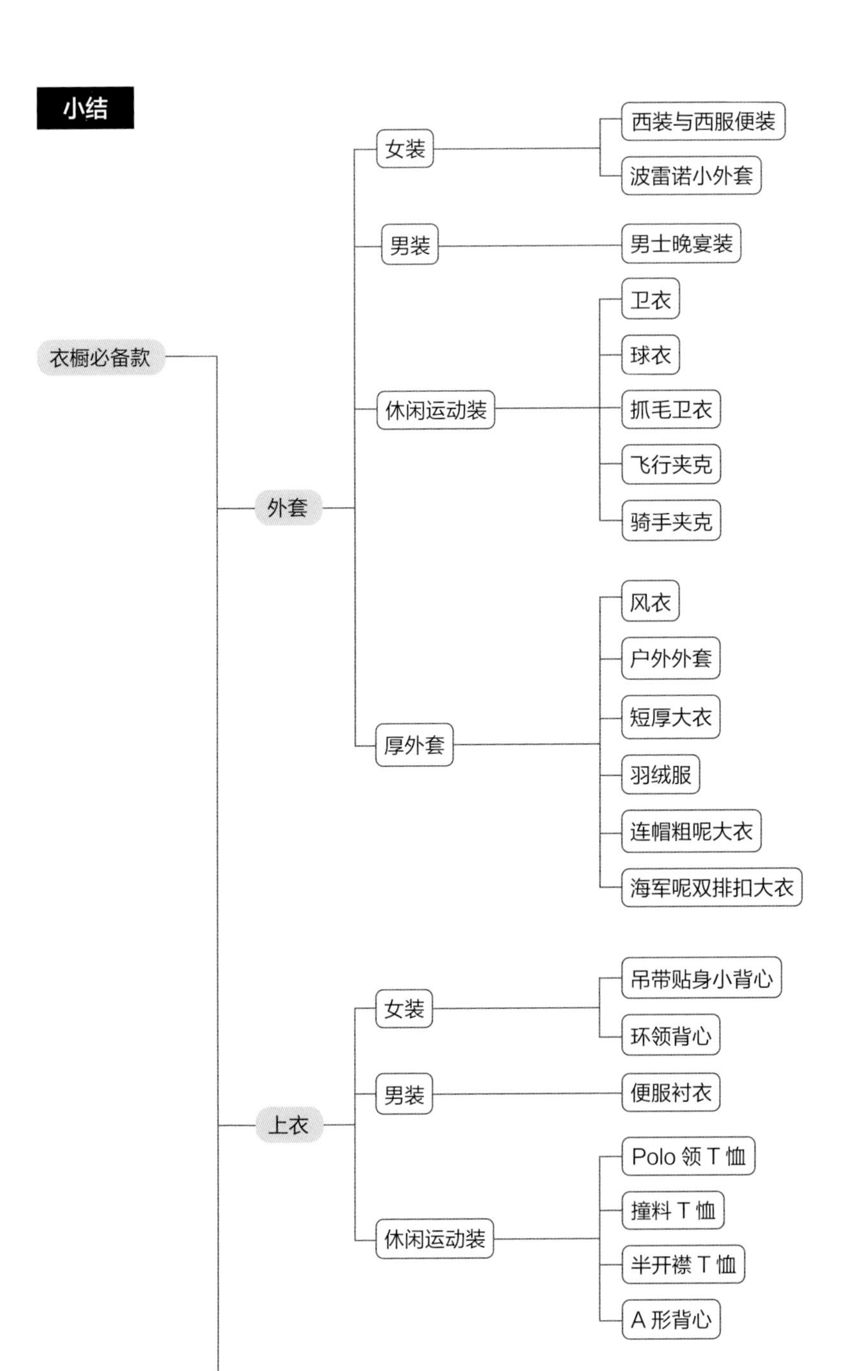

衣橱必备款
外套
女装
西装与西服便装
波雷诺小外套
男装
男士晚宴装
休闲运动装
卫衣
球衣
抓毛卫衣
飞行夹克
骑手夹克
厚外套
风衣
户外外套
短厚大衣
羽绒服
连帽粗呢大衣
海军呢双排扣大衣
上衣
女装
吊带贴身小背心
环领背心
男装
便服衬衣
休闲运动装
Polo 领 T 恤
撞料 T 恤
半开襟 T 恤
A 形背心

(接上表)

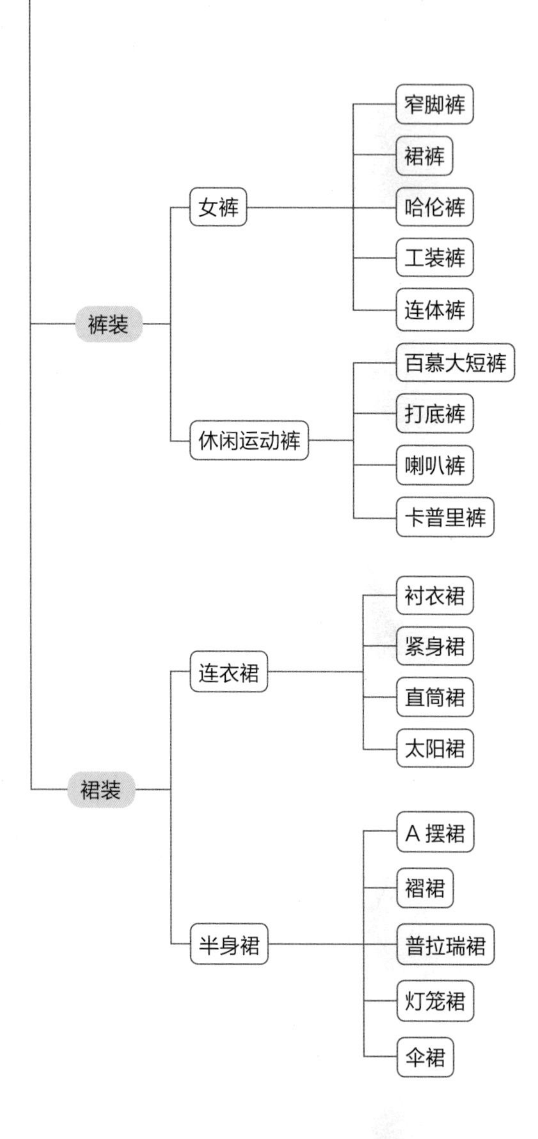

推荐阅读

Gunn, Tim and Calhoun, Ada (2012), *Tim Gunn's Fashion Bible: The Fascinating History of Everything in Your Closet*, New York: Gallery Books.

第四章 时装品牌浅析

注：由于图片版权问题，本书无法提供这些设计大师的作品图片。感兴趣的读者可以网络搜索这些品牌公司的官网找到他们的作品图片。

第一节　欧美设计师

如果将十九世纪中叶法国高级定制（Haute Couture）的诞生作为现代时装设计的诞生，那么时装设计至今也有 170 多年的历史了。正是因为设计师这一职业的诞生，才让我们看到了那么多美轮美奂的作品。在这近 200 年的时间里，有大量优美的设计大师作品诞生。如果要了解时尚之美，就要看足够多的优秀作品，这样才能养出自己的“眼力”。这也正是本章节的目的。因为篇幅有限，故本章节只能提供我本人认为可以称得上是“里程碑”式的作品。希望这篇引子，能够引起大家对时尚的真正热情，并从此更多地关注优秀设计师的作品。这里的大部分设计师都有其简单传记。如果读者们对他们感兴趣，可以按本章节最后的书目清单拓展阅读。另外，通过这一章节，我也希望大家理解一件作品之所以成为经典，并不单纯因为设计好看，也与当时的社会环境息息相关。这也再次呼应了本书开端的主题，时尚从来都不仅仅只关乎“好看不好看”，它更是一种社会现象。

一、高级定制之父：查尔斯·沃斯

（一）简介

查尔斯·沃斯（Charles Worth，1825—1895），被认为是法国“高级定制”之父。这里的“高级定制”，不是我们一般认为的“高级的服装定制”（虽然语义上确实也是这个意思），而是对应着法语“Haute Couture”，而这个法语词是一个专用词汇。只有通过法国高级定制协会（现法国高级定制协会与时尚联合会）认可的设计师与品牌，才可以被称为“高级定制设计师（品牌）”。

需要说明的是，查尔斯·沃斯其实并不是法国人，他是英国人，成名于法国。沃斯早年在伦敦做布料商，热爱艺术。后来移居巴黎做裁缝。沃斯当时所在的法国，和当时的中国一样，在服饰礼仪上有着严格的等级区分。不同阶层的人，不可越界一步，否则就属于“犯罪”。因此，裁缝们也都是根据客户对象，按照既定规则，做好自己的裁缝工作。

沃斯则非常聪明，知道自己是一个外国人，可以不遵守法国本国的规定。他找到了当时奥地利驻法国大使的夫人，为这位夫人定制了一条裙子。一般裁缝只是固化于当时服装的繁文缛节，他则在裁剪过程中融入了自己的艺术创作想法，更为创新的是，他在这条裙子上缝制了以自己名字命名的商标，这也算是品牌意识的萌芽。

适逢法国宫廷举办化装舞会，法国宫廷虽然对服饰有严格规定，但是化装舞会例外，来宾可以穿他们自己想穿的新式服装。当奥地利驻法国大使夫人穿着沃斯设计的新款礼服参加化装舞会时，立刻惊艳四座。感到惊艳者，也包括了当时的法国皇后，即拿破仑三世的妻子欧仁妮皇后（Eugénie de Montijo，1826-1920）。随后，这位大使夫人就将沃斯介绍给了欧仁妮皇后。后面的故事大家就可以猜到了——有了皇室的加持，沃斯的生意肯定做得风生水起。

后面我们还会再看到类似的故事。也就是说，一款服装产品能够成为经典作品，不仅仅是因为它在美学或者剪裁技术上有所创新，有时也跟社会因素相关。事实上，大多数设计师之所以能成为大师，除了他们拥有超越一般人的才华，也因为他们很懂得如何经营自己。

（二）对时尚的主要贡献

沃斯最大的贡献，是将“裁缝”身份，升级为“高级定制（设计师）”这个概念，第一次在当时固化的设计中，加入了自己的创造。沃斯同时也是创造了“模特”这个概念及模式的人。他的太太便是他的第一位试衣模特。他让自己的太太穿着自己设计的衣服，为顾客展示产品，这种做法在当时是一种创新。

二、帮欧洲女人脱去裙撑的设计师：保罗・波烈

（一）简介

保罗・波烈（Paul Poiret，1879—1944）在欧洲服装史上的重要程度仅次于沃斯。正是他，帮助欧洲女性脱去了禁锢她们数个世纪的胸衣和裙撑。

当时间来到十九世纪末，随着技术与商业的发展，整个社会的生活场景也发生了很大变化。保罗注意到，越来越多的贵族女性外出社交的机会增多——这也包括需要下地走路的时间。在此前，贵族女性之所以可以每天穿着紧身的胸衣与宽大的裙撑生活，是因为她们根本不需要太多走动，也不需要进行体力劳动。家里一切都有仆人伺候，外出都是马车，所以她们裙撑的大小与宽窄一度体现着家庭的阶层高低。

图4-1 十九世纪贵族女性打网球时所穿的服饰十分繁复

而女性外出的增多与几个因素有关。首先，百货商场的诞生，让贵族女性有了“逛街”的理由；其次，十九世纪中下叶开始，交通工具也多了起来，原本只有马车，而汽车、火车、邮轮的诞生，让旅游得以更加普及。这些都使得贵族女性的生活从纯粹的私人空间拓展到了公共空间，庞大的裙撑就显得极其不便了。

本就热爱旅游的保罗在旅游过程中发现了这个痛点问题。同样得益于自己的国际旅行经验，他不但简化了欧洲女性的着装，还把东方女性的服饰风格融入了自己的设计。因此，他也被认为是第一个将东方设计带入欧洲的设计师。

继续回应我在沃斯最后部分的总结，服装设计不仅仅是关于美学的问题，其实还是关于社会的问题。或者说，美，并不仅仅只关乎形式与视觉效果，其背后的思想根源往往与社会发展密切相关。因此优秀的设计师并不能两耳不闻窗外事，而需要对人类社会发展充满人文关怀。

（二）主要贡献

如前所述，保罗最大的贡献首先是帮助欧洲女性从繁复且沉重的裙撑（枷锁）中脱离出来，让她们穿上轻松便利的女性裙装。其次是他将东方的设计与风格第一次融入欧洲时尚。

三、让女性更有女人味：玛德琳·维奥内特

（一）简介

玛德琳·维奥内特(Madeleine Vionnet,1876—1975)，这位设计师的名字估计很多读者没有听说过，但她是欧洲两次世界大战期间最有影响力的高级定制设计师之一。

维奥内特是法国人，其早年曾在伦敦时装屋打工学习。后于 1912 年建立了自己的同名时装屋品牌，但恰逢第一次世界大战，故开业两年就关闭了。第一次世界大战结束后再次开业，但没过多久第二次世界大战又开始了，战争前夕再次关闭。客观地说，其在商业上的成功并不如同时期的其他一些高定师，但她对时装业的贡献不应被遗忘。

（二）主要贡献

维奥内特对时尚业最大的贡献是她发明了斜裁裁剪方法，这一方法到现在都在被行业所使用。

在解释什么是“斜裁法”之前，我先和大家解释下一般的面料是如何被裁剪的。一般（梭织）面料分为“经线（纵向）”和“纬线（横向）”（图 4-2）。“经向”代表着面料的长度，“纬向”代表着面料的宽度（俗称“面料门幅”）。在斜裁法发明之前，面料都是沿着经线剪裁的，这是因为沿着这个方向裁剪的面料不会拧巴，且经线牢度强。维奥内特没有局限于传统的裁剪方法，她大胆尝试了从面料的 45 度角，也就是对角线的方向裁剪，没想到从此创造了一种新式的裁剪法——斜裁法。通过面料的对角线斜裁出来的面料，弹性大、垂感好，非常适合做裙装。我们看到的许多礼服的垂领和下摆，往往都是用斜裁的方法做出来的。这些风格都可以更加凸显女人味。

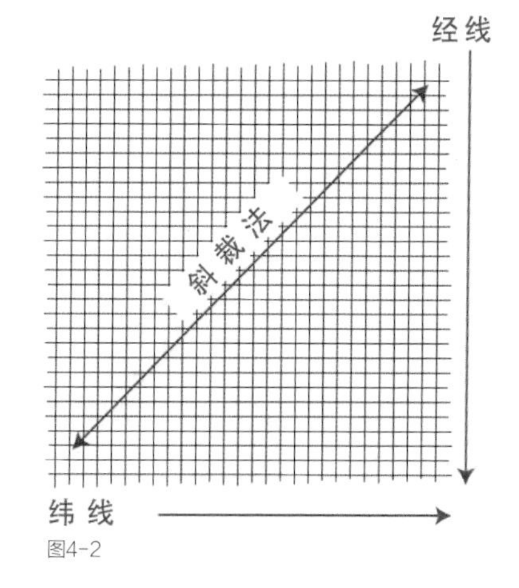

图4-2

四、跨界艺术领域的先锋设计师：艾尔莎·夏帕瑞丽

（一）简介

艾尔莎·夏帕瑞丽（Elsa Schiaparelli,1890—1973) 出身意大利贵族，1927 年创立自己的同名品牌。夏帕瑞丽像是艺术家，倾向于用面料探索各种廓形、面料与艺术表达方式，所以她的设计手法略显先锋。

夏帕瑞丽被称为是“超现实”主义设计师，这与她个人喜欢艺术且与同时代的先锋艺术家建立了良好的合作关系有关。这其中，最有名的当属萨尔瓦多·达利（Salvador Dalí）了。

（二）主要贡献

夏帕瑞丽被认为是第一个跨界艺术的服装设计师。她与达利合作的“lobster(大龙虾)裙”便是经典之作（大龙虾绘画由达利完成）。

夏帕瑞丽也是包裹裙的发明者。她从女性做家务时总会戴着的围裙上获得灵感，创造了“包裹裙”的款式。这个款式在二十世纪七十年代由设计师戴安·范·菲尔斯滕贝格（Diane von Fürstenberg，也被简称为“DVF”）发扬光大。

五、惊艳四座的戏剧装风格设计师：约翰·加利亚诺

（一）简介

从这部分开始，我所介绍的设计师大多都还在世。他们都是二十到二十一世纪期间，全球最有影响力的设计师。当然，这些设计师依然以法国人为主。不过，约翰·加利亚诺(John Galliano,1960—)虽是英国人，但是他成名于法国，或者说，是法国顶级的品牌成就了他；同时他也为曾经一度趋于老化的法国时装屋带来了新气象。

2014 年，马吉拉时装屋雇用了加利亚诺做创意总监。

（二）主要贡献

之所以称其作品“令人惊艳”，是因为在他之前的时装秀，可谓就是“服装秀”。设计师的作品虽然都足够高雅、尊贵，堪称完美，但同时因为过于讲究实穿性，所以也会常常让人觉得不够亮眼。但加利亚诺改变了这一切。他将 T 台当成了舞台，或者更确切地说，正是从加利亚诺开始——T 台上开始流行不那么实穿的衣服，甚至是很多普通观众“看不懂”的衣服。可能很多人好奇既然现实中几乎没有人可能穿这样的衣服，那这种衣服存在于舞台上的目的是什么？我在前面几个章节也曾经提到这个问题。在这里，我就要和大家介绍一个词语，叫“概念设计师”。

时尚圈的“概念设计师”往往是那种突破人类想象极限的设计师。也许他们自己设计的衣服虽然不实穿，但他们的设计可以成为其他设计师的灵感来源。如果只是拘泥于当下的实穿，我们的服装设计永远都不会有新的突破。因此，无论是概念设计师还是那些专注于设计让人们能穿上身的衣服的设计师，他们都很重要。特别是在服装设计领域发展了百年后，要突破前人已经达到的历史高度，不进行看似天马行空的想象，我们也许永远只能穿上“历史”的衣服。

六、低调的可持续时尚设计师：马丁 · 马吉拉

（一）简介

马丁 · 马吉拉（Martin Margiela，1957—）可能是目前为止最低调的设计师之一，他几乎从来不接受采访，所以部分普通消费者肯定没有听过他的名字；但同时他又是公认的二十世纪最有视觉冲击力的服装设计师之一。马吉拉是比利时人，也是时尚圈著名的“安特卫普六君子”设计师之一[1]。其设计风格很难用某几个标签来定义，或者如果一定要定义，基本也只有“打破常规”之类的陈词滥调。总的来说，他本人设计的衣服从来都不像是一件衣服，外套可能只有一个袖子；看上去好像是一件西服，其实它只是被印在一块真丝面料上的平面图；模特的头发全部梳到正面遮盖住整个脸庞，以至于观众根本分不清楚哪面衣服是正面；衣服被“撕”成碎条挂在人体上……马吉拉更愿意定义自己为“艺术家”而不是“服装设计师”。或许也正是觉得人们日常穿着的服装过于乏味，他在自己正当年时就寻找自己同名品牌的继任者，即使没有找到，他也是提前离场，由并购了他品牌的意大利公司 OTB（Only The Brave）公司运营该品牌。该品牌在 2014 年雇佣加利亚诺做创意总监至今。

（二）主要贡献

马吉拉的特别之处从其衣服的标签设计就可以看出来。其标签设计是一组“0”到“23”的数字，每一组数字都代表一个系列。

越往后的年代，就越难以“第一”或者“最”来形容设计师了。而且越往后，设计师的争议就越多，毕竟，至少在二十世纪七十年代，设计师设计的衣服都还是比较实穿的，但到了二十世纪八十年代后，“先锋主义”变得越来越时髦。衣服不再仅仅只是衣服，而是成了反应或者塑造社会含义的符号。或者对于设计师本人来说，衣服只是传达他们对社会看法的艺术手段。比如撕碎的衣服碎条代表着设计师对强奸犯的抗议，但如果没有相应的新闻通稿说明，有多少观众会如此理解一件服装作品呢？这也可能是许多有天赋的设计师的痛苦之处：要么，他们为自己的作品倾注了所有情感，然而观众并不理解；要么，其实就是设计师自然流淌的创意，但

---

1 “安特卫普六君子”（The Antwerp Six）分别是安 · 迪穆拉米斯特(Ann Demeulemeester)、霍特 · 万 · 贝伦唐克（Walter van Beirendonck）、德克 · 万 · 塞恩（Dirk van Saene）、德赖斯 · 范诺顿(Dries Van Noten)、德 克 · 比克伯格（Dirk Bikkembergs）和玛丽娜 · 伊（Marina Yee）。其中玛丽娜是马吉拉当时的女友。马吉拉后来才加入了这个六人团队。“安特卫普六君子”后来成为一个富有象征意义的称号，主要代表比利时的先锋设计师。

面对媒体，设计师非要编织出一个美丽动人的灵感故事才像一个专业的设计师。无论哪一种情况都很让人尴尬，这可能也是不少有才华的设计师最终退出这个圈子的原因吧。

马吉拉的设计风格非常多元化，无论是将一件衣服重新解构再重新组合，让领子不再是领子而成为“肩膀”，让袖子不再装在胳膊上而是让它独立晃荡在一旁，或者干脆一件衣服只呈现半边，等等，他也能将工艺、艺术与廓形很好地结合。

七、为麦当娜设计了尖锥式胸衣：让·保罗·高提耶

（一）简介

让·保罗·高提耶（Jean Paul Gaultier，1952—）是他这个年龄的法国设计师中少有的设计风格较为独特与先锋的人物，被称为“时尚顽童”。我们前面说的几位，比如加利亚诺、马吉拉虽然也很先锋，但他们成名于法国而并非法国人。从商业规模而言，让·保罗·高提耶的公司相比其他法国老牌时装屋还是有差距的，但毕竟这些品牌历史要悠久许多。让·保罗·高提耶 1976 年才推出个人系列产品。其最被众人熟知的，还是他为麦当娜在 1989 年全球巡演中设计的那款尖锥式胸衣。

（二）主要贡献

高提耶是较早采用不同材料（比如用空罐做手镯、用塑料布做裤子）制作衣服的设计师，也是较早挑战性别界限的一位设计师。当时绝大多数设计师都循规蹈矩地采用常规面料做衣服，为女性做女性该穿的衣服，为男性设计男性该穿的衣服，但高提耶挑战了这种传统定义。比如，他为男装注入了原本属于女装设计的元素——裙子。张国荣、李宇春都曾邀请他为自己的演唱会设计过服装。

八、闯进美国主流社会的少数族裔设计师：奥斯卡·德拉伦塔

（一）简介

奥斯卡·德拉伦塔（Oscar De La Renta,1932—2014）是美国最有影响力的老牌设计师之一。他本人是多米尼加人，后期在 Lanvin 与 Balmain 等知名欧美公司担任过设计师。二十世纪六十年代他也曾为杰奎琳·肯尼迪设计过衣服。他是美国设计师中少有的更擅长做高定与礼服类的设计师。因此，他也是美国历任第一夫人或者明星们钟爱的设计师与品牌。

（二）主要贡献

在我看来，其主要贡献还是将欧式优雅注入了美国文化。美国设计总体偏向于休闲、运动，强调松弛与舒适感。但可能因为他曾在欧洲的高级定制屋接受过训练，他的设计中既有美国人的简洁，也有法国人的优雅与华丽。

九、服装设计师中最性感的男人：汤姆·福特

（一）简介

如果要在当今世界最有影响力的服装设计师中选择一位最帅的，相信汤姆·福特（Tom Ford,1961—）会是当之无愧的不二人选。汤姆·福特最早的梦想是成为一名电影明星，结果没成为演员，却阴差阳错地做了一名服装设计师。他早年曾在纽约帕森斯设计学院短暂地学习了一段时间的室内装潢设计，并设法在美国发展，但他最终发现美国简直毫无“时尚”可言，于是他将目光投向了欧洲。那里的人们在穿着方面讲究多了。

2004 年，创立了 TOM FORD 的同名品牌。不过 TOM FORD 品牌在 2022 年被雅诗兰黛（Estée Lauder）公司收购了。

汤姆的个人经验说明，专业学历，并不是所有专业事业必需的敲门砖。个人天赋与才华是更重要的。

（二）主要贡献

TOM FORD 的设计既有美国设计的简约与干练，又融合了欧洲设计师喜欢的华丽感。这些衣服都很实穿，不过客观地说也很挑人。在我看来，他的衣服更适合气质华丽、身材纤细但又有独立精神的人。

十、第一个闯入金字塔尖时装屋的黑人创意总监：维吉尔·阿布洛

（一）简介

维吉尔·阿布洛（Virgil Abloh，1989—2021）这个名字对于非业内人士可能也并不是一个熟悉的名字，但是如果说到“潮牌”相信很多人都知道。他就是那位将这几年彰显年轻、叛逆的潮牌带入奢侈品行列的人，并且，他也是第一位闯入金字塔尖时装屋的黑人创意总监。

维吉尔学习建筑设计出身，2013 年创立了自己的潮牌 OFF WHITE。

维吉尔在设计上有一个著名的理论叫“3% 理论”[1]。在他看来，后人的设计只需要在前人设计的基础上修改 3% 即可，这是最恰到好处的设计。但这点遭到了很多其他主流设计师的抗议，不少人指责维吉尔的设计其实就是在抄袭与拼凑。

遗憾的是维吉尔在 40 岁初被诊断患上了癌症，并于 2021 年去世。

（二）主要贡献

维吉尔最大的贡献是把街头的烟火气及青春活力带入了原本普通人高不可及的高级定制屋，但是从长远来说对于奢侈品的利弊还有待时间考验。

十一、跨学科实验性设计师：侯赛因·卡拉扬

（一）简介

侯赛因·卡拉扬（Hussein Chalayan，1970—）曾两度获得英国年度“最佳设计师”（1999 年与 2000 年）称号，并于 2006 年获得大英帝国成员勋章 (MBE，Member of the Most Excellent Order of the British Empire)。MBE 是英国授予在艺术、科学、非营利机构等领域有卓越贡献的社会人士的一种骑士勋章。这位在 1993 年毕业秀上即获得买手店 BROWNS 青睐的设计师，从其毕业作品开始，就带着强烈的“实验性”及“人文性”。而兼具“实验性”与“人文性”，几乎也成了他的设计语言的标志。

在其毕业作品中，卡拉扬将衣服埋入地下，让面料与土壤发生反应后再将其取出。在物理属性上，衣服面料的表面肌理发生了显著变化，它看上去锈迹斑斑，同时带上了泥土的味道；而在人文层面，我们既可以将“埋葬”与“取出”视为衣服生命的重生，也可以视为服装与大自然融合的一种精神。

类似的兼具这两种特性的作品还包括他将木制家具转为半身裙，将座椅折叠为旅行箱，暗示了他童年时期被迫从塞浦路斯移民到欧洲，带着家具迁徙时所遭遇的漂泊感、不确定感以及迷茫感。还有其 1995 年为歌手比约克（Björk）设计的信封夹克及信封裙系列同样意义深远。这些衣服由一种高密度的聚乙烯合成纸做成。顾客可以在上面写信，随后可将衣服折叠进一个信封并作为真正的信件将其寄出。

真正实现上述作品的制作非常需要技术含量。这些作品涉及的技术种类涵盖的范围非常广泛。比如其在 2001 年所创造的可被远程遥控的连衣裙，其中涉及机械工程的内容，

1 Jensen, Emily (2022),‘ Virgil Abloh Defined Postmodern Fashion’, *Jing Daily*, https://jingdaily.com/virgil-abloh-off-white-louis-vuitton-postmodern-fashion/，登录日期：2023年5月1日。

以及其与施华洛世奇合作的 2016 年春夏款——遇水便会溶解的裙子，涉及了材料工程的内容。卡拉扬在裁剪技术上的水准也是一流。对于涉及很多复杂工艺与技术的服装，他都会亲自制作。这使得他也非常理解人体工程的意义。

因此，卡拉扬不仅是会创造设计概念的人，其制作衣服的水准也堪称一流。而事实上，在服装设计师里，同时拥有这两项技艺且水平如此高超的人屈指可数。

（二）主要贡献

绝大部分的设计师表现出的都是自己精彩绝伦的艺术才华，但是卡拉扬则表现出自己艺理兼修的天赋。他的不少实验性作品都带有物理与机械作业属性。作为一个亲自操刀做衣服的人，他不只是个艺术家，更是一个工程师。这也使得他的作品能够具有难以被复制的特点。

十二、3D 打印设计师：伊里斯·凡·赫本

（一）简介

伊里斯·凡·赫本（Iris Van Herpen，1984—）是一位荷兰设计师，其设计风格就是用 3D 打印技术创造出科幻感十足的高级定制服装。她于 2007 年成立了自己的同名品牌。2011 年她作为客座嘉宾加入了巴黎高级定制工会，并稳定在巴黎时装周走秀。由于她将现代科技与服装设计完美融合，所以她的作品也是知名博物馆的收藏对象。

（二）主要贡献

她是第一位将 3D 设计打印带入高级定制的设计师。

第二节　日本设计师

对于大众而言，最让人耳熟能详的日本设计师[1]就是以下四位：高田贤三（Kenzō Takada，1939—2020）、山本耀司（Yohji Yamamoto，1943—）、川久保玲（Rei Kawakubo，1942—）和三宅一生 (Issey Miyake，1938—2022) 了。日本设计师非常值得一写，不仅仅因为他们本身出彩的设计，也因为他们是最早打破西方设计师垄断的东方设计师，而这也一直是我们中国设计师的梦想。

这四个人都有着非常类似的经历以及影响力。而且他们的成功也有彼此的关联，用我们中国人的话来说，有着“老乡帮老乡”的含义。因此我们将他们聚合在一起说。

一、高田贤三

（一）简介

四人当中，最早去巴黎发展的是高田贤三。他于 1970 年初到达巴黎。和早期去国外留学或者打工的中国人一样，高田贤三到巴黎时经济窘困，不得不靠卖时装画维生，甚至一度想返回日本，不过他最终坚持了下来。就这样，他还想要做一场能震惊对时尚充满挑剔的法国人的大秀。他平时省吃俭用，为了做衣服、卖衣服，在巴黎街区租了一个廉价的、狭小的门面。但是一场时装秀花费不菲，这迫使他不得不思考：怎么能做出让人惊艳但又不那么费钱的一系列衣服呢?

要知道当时的法国几乎是全球唯一的时尚中心。法国人民什么样的时尚服饰没见过?如果从法国路易十四（1638—1715）那个时代算起，到二十世纪六十年代末，法国的时尚历史至少有三四百年了。

做时装秀的面料通常都很昂贵。如果要衣服既华丽还要足够便宜，只有一个方法——就是用别人用剩下的碎布头。这里，要再次提及“设计”的定义了。很多人认为设计师和艺术家的功能差不多，他们都是美的创造者。这么说确实也没什么错，但是单单将设计定义为“美”还不够。设计其实是在有限的条件下解决实际问题。高田贤三自己也没想到，经济上的捉襟见肘却激发出了自己的才华潜力。除了想到使用别人裁剪剩下的废弃布料，他还想到了混合使用条纹、格子以及色彩。当时的法国设计讲究的是华丽、精

1　Kawamura, Yuniya (2004), *The Japanese Revolution in Paris Fashion (Dress, Body, Culture)* , London: Berg Publishers; Coleridge, Nicholas (1988), *The Fashion Conspiracy: A Remarkable Journey Through the Empires of Fashion*, London：Cornerstone Digital.2.

致与完美，这与他们的高级定制基因相符。但这些所谓的设计规则在一定意义上也限制了设计师的创新精神。比如，当时流行的设计法则是：一个人身上衣服的色彩最多不要超过三个，并且不同图案的混搭被视为禁忌，这也包括不要将条纹与格子相互搭配，更不要混合过多的色彩。高田贤三就打破了这样的禁忌，他从日本与法国市场分别搜集了一些废弃的条纹、格纹面料。因为它们都是废料，色彩很难统一，所以他干脆将缺点转化为设计特点，设计出了他的第一个系列。

他设法找到了当时法国一位颇有名气的时装编辑。在这位编辑朋友的帮助下，这个异乡人举办了在巴黎的第一场秀——没想到就此获得观众的高度评价。并且，从此高饱和度的色彩、花卉格纹条纹的图案，一直都是 KENZO 的设计特点。

高田贤三的故事告诉我们——即使条件不完美，也一样可以创造出惊人的美。这个原则适合我们每个人。也许你就可以成为你身边那个最先打破陈旧美学规则的人。

（二）主要贡献

除了成为最早一批进入欧洲主流时尚圈的东方设计师，高田贤三在美学上的创新主要是打破传统的色彩与图案的组合原则，采用了多种色彩混合搭配及首次使条纹与格纹出现在同一件衣服上。

二、川久保玲

（一）简介

接下来来到法国的则是川久保玲和山本耀司。两个人今天虽然都是设计大家，但是两人的成长背景却截然相反。川久保玲是学习艺术出身，至少在相当长的时间内，她是不会做衣服的[1]。而山本耀司毕业于日本文化服装学院，有专业服装设计背景。

不会做衣服的川久保玲是如何设计衣服的呢？《时尚的阴谋》一书中曾有详细介绍。从作者介绍的口吻来看，川久保玲似乎并不希望观众过多了解她设计的过程。作者是社会调查新闻记者出身，从标题，读者就可以感受到他对时尚圈的批判态度。作者在书中是这样描述川久保玲的工作状态的，她只是提供一个概念词给她的助手，她的助手则会从这个词汇出发，将她的概念从词汇转成图纸再转成实物。随后川久保玲会再在实物上指指点点，告诉助手该如何修改、调整设计[2]。

---

1 Coleridge, Nicholas (1988), *The Fashion Conspiracy: A Remarkable Journey Through the Empires of Fashion*, London：Cornerstone Digital.2.

2 同上。

这里我需要补充说明下，虽然不是每个设计师都会亲自动手做衣服，但绝大多数设计师是懂得衣服是如何做出来的，他们只是不一定亲自动手做，或者做得不一定比专业制作服装的人好。现实中的服装设计原则上是一个团队作业。不过像《时尚的阴谋》所介绍的只是提供一个概念词就让助手动手的，至少我作为一个在业内工作超过 25 年的人不曾见过。不过本书出版于早期，估计到今天她对服装成型原理的理解应该已经超越了大多数人。

虽说如此，川久保玲和高田贤三一样，他们都将自己的缺点转换成了设计优势。既然不懂衣服怎么做，干脆就不懂到底——就做最不像衣服的衣服。这恰恰也是她惊艳了法国人的主要原因——当时法国的衣服都是华丽的、多姿多彩的、体现女性曼妙身姿的裙装，川久保玲的衣服出来，人们第一个问题是："这是什么？"它们要么是球形，要么衣服自成某种廓形，完全遮盖了人体；也有的需要观众去琢磨这衣服到底怎么穿上去的。而且相当长一段时间，川久保玲将黑色作为自己的标志色——黑色神秘，这也正是她想要的效果。

（二）主要贡献

假如从二十世纪七十年代她踏入法国时尚圈算起，川久保玲真的可以算是时尚圈的常青树了。要知道，维持生意本就是艰难的事情，更何况是像她设计的那么独特的服装。这说明再小众的市场，只要你有自己独树一帜的风格，你依然有生存空间。我个人认为她在时尚美学上最大的贡献是让不像衣服的衣服进入服装领域。

三、山本耀司

（一）简介

四位设计师中，山本耀司大约是最为中国消费者所熟悉的。山本耀司和川久保玲差不多在同一时期抵达巴黎。同高田贤三一样，当时他也只是一个穷学生，没有钱，又想做一场震惊时尚界的大秀，怎么办？

最终，他们决定回到自己的祖国——去日本民间寻找自己的设计素材。和法国人比法国或者欧洲文化肯定是比不过的，那么就回去看看日本民间的素材吧。要想让观众惊艳，首先得是他们没见过的东西。随后，秀场上就出现了当时法国观众从未见过的服装系列——根本不像服装的服装。

当时这两位年轻的设计师采取的设计美学策略与法国人截然相反：法国设计讲究华丽、精致、完美，他们就采取了日本的侘寂（Wabi-Sabi）美学[1]。侘寂自身含义很深刻，也富有哲学意义。但简单地理解，它就是低调、朴素的美。体现在具体的服装设计上，它是一种看似粗糙、色调灰暗的服装。这种粗糙体现在服装上具体就是有意识地将其做成半成品的样子，比如袖子有意不缝合，衣服的摆边有意不进行加工，留下粗糙未加工完毕的感觉。所以他们早期的衣服多为黑色。而法国当时的服装都是色彩斑斓的，日本设计师就全部采用黑色；法国当时讲究对称之美，他们就创作不对称的衣服；法国人做的衣服一看就知道怎么穿，他们就做出看到了都好奇"这是衣服吗，这怎么穿？"的效果……总之都是反着来。

果然，他们真的令当时的法国时尚界震惊了，虽然看不太明白，但是日本设计师确实在一开始就树立了自己独特的设计语言。

（二）主要贡献

将东方文化美学——日本的侘寂美学首次带入世界舞台。

四、三宅一生

（一）简介

和其他几位日本设计师一样，他也有自己独特的设计语言，那就是褶皱。与山本耀司和川久保玲复杂的廓形与服装结构不同，三宅一生和高田贤三的服装结构都很简单，基本就是套上身即可，很容易穿着。而且从收纳的角度而言，褶皱面料更容易收纳。

（二）主要贡献

三宅一生对时尚美学最主要的贡献是褶皱的设计，这也成为他标志性的设计语言。

1 Steele，Valerie（2017），*Paris Fashion:A Cultural History*,London:Bloomsbury.

第三节　中国设计师

不在时尚圈的人，大多都会认为中国没有什么优秀的时装设计师，或者我们拥有设计师的时间很短。借着这章内容，我也想将中国时尚简史以及中国最优秀的一批服装设计师及他们的品牌介绍给广大读者。更期待在当下国风热的时代，我们的读者能给予我们中国本土品牌与设计师更多的关注。

一、中国第一家时装公司：鸿翔[1]

宽大气派的门面房，玻璃橱窗里展示着中西合璧的时装式样，时不时还会看见个犹太人进入橱窗更换展品；进入大门，一段优雅的爵士乐，温度适宜的空气，随之而来的是一声温柔的问候和一杯英式早茶。这个纯法式风格装饰的宽敞明亮的房间里，陈列着一排排从欧美进口的各类毛料，还有国内最高档的真丝绸缎面料。陈列厅背后，则是供客人使用的试装室、礼服出租部和皮货部。而楼上，则是创样室和有数百个技师的工厂。

这不是小说或者电影中的场景，而是中国第一家时装公司——鸿翔公司鼎盛时期的面貌。当如今许多中国的青年设计师声称要做中国第一家奢侈品时装公司时，鸿翔公司早在近百年前，已经在做中国名副其实的奢侈品时装了。

鸿翔公司诞生于民国六年（1917），创始人为金鸿翔和金仪翔兄弟二人。与那个年代众多穷苦人家的孩子一样，兄弟二人13岁便去一家中式裁缝铺做了学徒，随后又师从女士西服裁缝学习做洋装。学徒时期，两人不仅用心学习技艺，还有心地记住每位客人的喜好，业余时间则另外学习英文。大约十年后，两人放弃高薪，决定自立门户。看中了上海当时最繁华的商业街静安寺路（今南京西路）863号的门面后，通过筹股及借钱的方式租下了店铺。鸿翔公司一开始就将目标人群锁定在当时上海滩富有的社会阶层：洋人、买办、官太太、名媛、明星等。凭着清晰的定位、精致的质量及上等的服务，鸿翔公司很快打开局面并从此树立了中国时装史上的一个里程碑。

1　本部分内容曾出现在BoF。本文介绍鸿翔公司的部分素材主要来自上海市档案馆及对金泰钧先生的采访。金泰钧先生在90岁高龄时还给予本部分内容以指导意见。

注：本节部分内容引于作者另一本作品《中国时尚：对话中国服装设计师》（中国纺织出版社出版）。

鸿翔公司的时装制作究竟多有竞争力？1928年的《中国摄影学会画报》刊登了这样一则故事。一位名为卡尔登耳的颇有财力的洋人，为推广“金月牌”香烟特地举办了“时装竞赛会”。起初找了当时同样位于风尚前沿的云裳时装公司来设计及制作所有竞赛会的服装，结果被洋人认为不合格。卡尔登耳不得已又转向鸿翔公司，而鸿翔公司从设计到制作，均令洋人满意。

鸿翔公司的制作有多讲究？从其当时的公司规模及设备就可见一斑。1934年的上海《社会晚报时装特刊》如此介绍鸿翔公司，称其从“创样”“试样”到“技师”有“上下五百人”，且“俱洞悉制衣奥绝”；其“衣服原料”均为“定织”且“花色有5000余种”；而器具方面，则有“空气透而不染尘，气味合而不生弊”的“狐貂保存箱”与“专门吸收新皮及丝织品”的“收气机”，以及“免除气味以重卫生”的“喷水机”。

鸿翔公司在鼎盛时期，几乎就是时装奢侈品的代名词。小说里，电影中，只要说“穿鸿翔”即意味着高端的社会阶层。从宋氏三姐妹到当时红透半边天的电影明星，均是鸿翔的顾客。而鸿翔也颇懂得与明星的相处之道，常常利用他们的婚礼、电影发布会或者其他重要场合赞助或者赠送礼服。这其中，又属与胡蝶的关系最为亲密。鸿翔先后为胡蝶提供了其结婚礼服、海外电影巡演及其他重要场合的服装，而胡蝶也不曾令鸿翔失望。1931年的《影戏生活》记录到，在一次中央大戏院的赈灾会上，胡蝶事先告知主持人记住在台上问她衣服是在哪里做的。在台上，主持人依照计划问胡蝶：“你这衣服的样子多么好看呀，是哪家做的？”胡蝶答道：“我这衣服是静安寺路鸿翔公司做的。价钱又巧，货色又好，正是中国服装公司里首屈一指的了。”而此时正坐在观众席的金鸿翔自然是乐得合不拢嘴了——这一免费的广告宣传，又将为鸿翔带来不少爱美的顾客。

鸿翔公司作为中国第一家时装公司在经营管理方面的创新也是可圈可点的。在人员管理方面，他们从当时上海的犹太人难民营聘用了三位犹太人，一位做设计师，一位是试衣模特，另一位则是橱窗陈列员；在商业模式上，将专卖二手衣的估衣铺概念移植到当时以定制为主的服装市场，为客人提供多种颜色及尺寸的成衣，客人看中即可买下直接穿上；在推广方面，发售礼券，客人凭礼券可享有折扣。鸿翔公司还紧跟时装的流行趋势，到了季末立刻打折促销。销售模式不仅有现售、看样定制、专门设计，还有来料加工、旧衣翻新、特快及上门服务。这些在今日看来不稀奇的运作方式，回到二十世纪二十到三十年代，那个刚刚脱离清王朝封建体制正逐步进入资本主义萌芽时期的年代，毫无疑问开创了中国时装行业的先河。

相当长一段时间，许多人都以为中国是没有自己的设计师的，至少没什么知名设计师。事实上，鸿翔创始人之一金仪翔之子——金泰钧可算是中国最早一代的时装设计师。而下一幅场景，则勾勒了金先生作为服装设计师的工作方式。除了跟着犹太裔设计师学习设计与绘图，向公司的高级技师学习打版与缝制，金先生也需要经常去不同场合寻找灵感来源。公司不但订购了英文杂志《VOGUE》与《Harper's Bazaar》，还从海外购买大量的裁剪纸样。而最惬意的时刻，当属有好莱坞新片上市之时。每当这个时间，金先生会身着一身西服，坐在电影院门口的咖啡馆，一边悠然地喝着咖啡，一边兴趣盎然地观察着进进出出的客人身上多彩缤纷的衣着。待电影开场，再进去看一场最新的好莱坞电影。剧情虽然很重要，但对金先生而言，戏中女主角的着装才最令其着迷。

二、中国第一位登上四大时装周的设计师：谢锋

2006 年巴黎时装周的官方日程上，第一次出现了一位中国服装设计师品牌的名字：Jefen by Frankie（吉芬）。并且，这场秀于中国的国庆节 10 月 1 日，法国当地时间上午 10 点整举行。不仅如此，这还是当季巴黎时装周的首秀。

谢锋，1984 年毕业于浙江丝绸工学院（现浙江理工大学）。1988 年，当大多数工薪阶层月收入只有数十元人民币时，他便借债一万元，东渡日本求学于日本文化服装学院（Bunka Fashion College）。谢锋初到日本，经济上捉襟见肘，需靠打工维持生计；而学业上则不断受到文化差异的冲击。第一堂课，老师提供给每个学生一把剪刀、一块石头和一块布，让他们用布将石头完全包裹起来，并且必须没有任何褶子；而在中国，当时的第一堂课是画设计图。很明显，日本是从三维入手，而中国则是从平面出发。

设计师通常服务高端人群，因此在日本，学院的老师要求学生着正装去东京五星级酒店吃西餐，体验高端人群的生活方式。谢锋穿了自己衣橱里最昂贵的西服，跑进酒店却发现服务生的衣服都比他的精致。而坐上桌后面对十几种刀叉，他无法理解为什么吃个饭要这么多餐具……不过，这一切窘境在他参加了一次日本全国设计师大赛后得到改变。此次大赛，他获得了冠军，并因此获得了一笔丰厚的奖金。更为重

要的是，他毕业后被聘为 Matsuda Nicole 公司的设计师。数年后，Matsuda 先生又推荐谢锋去了巴黎的 KENZO 公司工作。直到 1998 年，谢锋回到北京，选择自己创业，并于 2006 年登上四大时装周。

正如若没有宋怀桂女士的努力，皮尔·卡丹就不一定会成为第一个抵达中国的国际知名时装设计师，谢锋能因巴黎之旅成为载入中国服装史册的人物，其密友及商业顾问张喆先生功不可没。

张喆是中国二十世纪八十年代第一批被中国政府公派到法国的服装领域的留学人员。自此他就游走于中国与法国的时装界，希望有朝一日能将中国优秀的服装设计师推向国际市场。这个梦想，在他与谢锋相遇、相识、相知后得到实现。在张喆看来，谢锋所创造的吉芬，有自己的设计特点，且该设计特点没有刻板地强调二十世纪八九十年代许多中国设计师倡导的“民族的就是世界的”设计套路——没有旗袍、没有龙凤、没有灯笼，没有任何符号化的中国元素。自 2000 年成立后，吉芬就取得了不俗的商业成绩。因此，自 2004 年起，张喆就开始利用自己数十年在法国积累的人脉关系，为谢锋的国际首秀铺路。2006 年吉芬最终通过法国高级时装公会的审核，成功首秀。

首秀前还有个小插曲。2006 年 10 月 1 日正是法国的周日，而法国人大多喜欢在周末睡懒觉。因此设计师们都希望选择偏晚的时间走秀。第一场秀是早上 10 点开始，张喆以“一个中国人的思维”要了这个其他设计师都不愿意选择的时间。当时法国高级时装公会的主席 Grumbach 曾告诫张喆说“当心坐不满人”。不过张喆的逻辑却是，10 月 1 日正值中国国庆节，法国早上 10 点的秀，如果能在当地时间 11 点前结束，正好可以赶上中国周日 CCTV 的晚间新闻。这将会成为一个颇具新闻热度的事件。果然，CCTV 当晚新闻播报了这一事件。而为了秀场不至于出现空座，张喆动员了巴黎所有的朋友关系，邀请朋友务必捧场。结果，秀场满座，中国设计师的国际时装周处女秀取得圆满成功。

三、 中国第一位登上巴黎高定时装周的设计师：马可

“例外”，这个现已红透大江南北的服装品牌，本是个意外的产物。其联合创始人马可，自 1992 年从苏州丝绸工学院（现已并入苏州大学）毕业后，就被一家香港服装公司聘用做设计师。在这家公司里，马可的设计天分，在经历了商海历练后，变得更为成熟。而 1994 年获得第二届“兄弟杯”国际青年设计师大赛冠军则让马可声名鹊起。差不多在同一时期，马可就注意到，中国女性消费阶层正在兴起——她们独立、自信，有自己的时尚品位。而当时的服装市场，则是从各批发市场批发来的千篇一律的衣服。她建议公司应该开发一个针对这类新兴的中国女性消费阶层的原创性品牌。虽然公司对此并不否定，但是出于对现实商业利益的考量导致该计划无法落实。而马可也因此离开公司，并开始寻找新的设计机会。因为已经获得过冠军奖，前来寻求合作的企业很多。不过，在与数个企业谈了合作意向后，马可发现对方都无法理解其创建一个能够立足于世界一流品牌之列的中国原创设计师品牌的志向，他们似乎只对利用马可的名气为自己的品牌创造声势及获取商业利益更感兴趣。意识到无法通过外力找到一个能实现她设计理念的合作方后，她决定自己创业，并为新品牌取名为“例外”，时值 1996 年。创业初期，马可几乎承担了从采购、设计到制作的所有工作，而她当时的男友毛继鸿则主要负责市场营销的工作。“例外”上市后，销售意外地成功。马可本希望自己专注于产品设计与加工，将销售渠道完全委托给拥有独立店铺的好友打理。然而不久她就发现，好友将“例外”的店铺标牌更换成自己的品牌。在遭遇这一背叛后，马可被迫决定自己开店，并最终在广州的闹市区选择了一家街铺。这场被马可视为“用自己的生命做一场赌博”的交易，终于以其特立独行的设计风格赢得了丰厚的回报。

2006 年，因为与合伙人毛继鸿在品牌发展定位上分歧过大，马可不满于“例外”品牌过于商业化的急速扩张模式，毅然辞去“例外”设计总监职务并离开自己一手孕育的品牌，前往珠海开始了人生中的第二次创业。这次，她选择了独自创业，并为新品牌取名为“无用”。以马可的定义，“无用”不属于时尚或时装，虽然它也有服装系列的产品，但其本质上是一个以保护传统手工艺为目的的社会企业。所谓社会企业，简单来说，即用商业模式解决社会问题。马可希望通过自己的设计，提

升传统手工艺的价值感，并将产品销售获得的利润重新回报给传统手工业者。正因如此，“无用”的产品几乎完全依靠马可自己以及她从偏僻乡村觅来的民间手工艺高手制作完成。2014年9月，占地1500㎡的“无用生活空间”店铺在北京开张。马可辟出三分之一的面积做了一个纯公益性的中国民间传统手工艺主题的展厅；主要用于展示“无用”原创手工产品的“家园”部分，则被打造得有如农舍般空旷、简洁。大到桌椅、沙发等家具，小到米缸、筛子、肥皂、眼镜盒、灯台，当然还有日常服装，都按照居家方式陈列在它们应该在的位置。

马可在中国服装圈内，几乎一直属于众所周知的人物。不过，大多数圈外人并不太了解中国服装设计行业的发展状况。即使时至今日，许多非专业服装人士依然认为中国没有自己响当当的服装品牌，没有优秀的服装设计师。但其实像马可以及本书中提及的其他设计师一样优秀的中国设计师还有很多。

四、谁将会成为第一个占领国际市场的中国设计师

自二十世纪八十年代改革开放起，中国何时能有享誉全球的服饰品牌就是一个争议不断的话题与期待。时至今日，一批又一批从中央圣马丁艺术与设计学院(Central Saint Martins College of Art and Design，CSM)和帕森斯设计学院(Parsons The New School for Design)毕业的中国设计新秀们不断为时尚界带来惊喜。看上去，中国几代设计师们盼望的国际化进程似乎即将有新的突破。那么，谁将会成为第一个能真正占有国际市场份额的中国设计师呢？

因为商业的成功与否需要经过时间的考验，因此，本文排除了那些进入商业领域少于十年的设计师。之所以选择十年，是因为从中国的商业发展史来看，许多创业者或企业挺不过十年；而能挺过十年的，才是真正有实力的设计师。这个时间划分，也将本文所追踪的设计师基本锁定在至少30岁。

设计师马可到目前为止可以算是在国际时尚圈最有影响力的一位中国设计师。不过，由于马可一向不设定商业目标，因此，她最大的突破不是在商业上，而是社会影响力，这也正是其创立的“无用”所追求的目标。而最先登陆四大时装周的谢锋，连续五年在巴黎时装周准备时装秀后，现

专注于发展国内市场，目前看不到他准备继续在国际市场发力的迹象。

在商业上的突破，有两位中国设计师的表现非常值得期待，他们就是王汁 (Uma Wang) 和张卉山 (Huishan Zhang)。两人虽然成长路径不完全一致，但在生活阅历、设计与商业表现上却有许多共性：都是成年后去了海外求学，相对于在国内土生土长的中国设计师而言，对各国文化与理念的包容性更大，但与此同时，又没有丢失民族文化中骨子里的审美哲学，比如内敛、含蓄。

两人在创立自己的品牌之前，都经历过商海历练，了解如何在保留自己设计语言特点的同时，尽可能满足更广泛的人群需求。而相对于其他中国设计师，两人在树立国内外公众形象的方面也值得学习。用英文谷歌或者雅虎浏览器搜索所有现在已登陆四大时装周的中国设计师和品牌的名字，他们是仅有的两位可以找到系统性报道的设计师。所谓“系统性”报道，一是指媒体的级别，二是看报道数量。报道这两位设计师的媒体，几乎涵盖了全球时尚界的重量级媒体，包括《BoF 时装商业评论》《Elle》《Harper’s Bazaar 时尚芭莎》《VOGUE 服饰与美容》《WWD 女装日报》；这些报道，不是零散的一两篇，而是几乎跟进了他们每季的发布会。在几个主流英文社交媒体，如 Facebook（脸书）,Instagram,Twitter（推特）上也可以看到他们活跃的账号。而搜索其他设计师的结果显示，他们的信息是分散及碎片式的，且英语社交媒体上也没有他们活跃的账号。

正是基于以上从设计到公关的全面经营，两人在销售渠道拓展上的成绩也是令人瞩目的。两人的官网显示，“Huishan Zhang”进入了几家几乎是全球最精英的买手店，包括 Browns,Joyce,Barneys,Opening Ceremony,Harvey Nicols 以及 Bergdorf Goodman。而销售“Uma Wang”的全球店铺已经超过 15 个国家和地区。毫无疑问，这才是这两人之所以值得期待的最重要依据。对于无法持续产生有效销售的设计师而言，名气所能带来的都是泡沫式的荣誉。

毫无疑问，相比于其他设计师，王汁与张卉山已经踏入国际时装体系的圈内——他们懂得如何用国际通用语言，按照国际时尚界的游戏规则，去拓展国际市场。

值得期待的优秀的中国设计师还有很多。因为篇幅有限，我无法逐一在这里向大家呈现。但是如果借着本书能让更多的读者开始关注中国本土服装设计师，那么也就达到了我写本书的目的之一了。

五、特别值得期待的中国“90后”“00后”设计师

中国设计师的队伍中，还有更多值得期待的“90后”与“00后”。比如2022年冬奥会国家代表队服装设计师之一王逢陈；风格色彩缤纷，混合了民族、异域、童趣、街头等多种元素文化的陈安琪；毕业于中央圣马丁艺术与设计学院女装设计系，曾在品牌J.W.Anderson和Craig Green实习，曾先后入围国际羊毛标志大奖等多个重要时装设计赛事的陈序之；新中式时尚“密扇”品牌的设计师韩雯；以及2021年夏季奥运会赛艇队队服提供者——高端运动品牌“粒子狂热”的设计师们。

小结

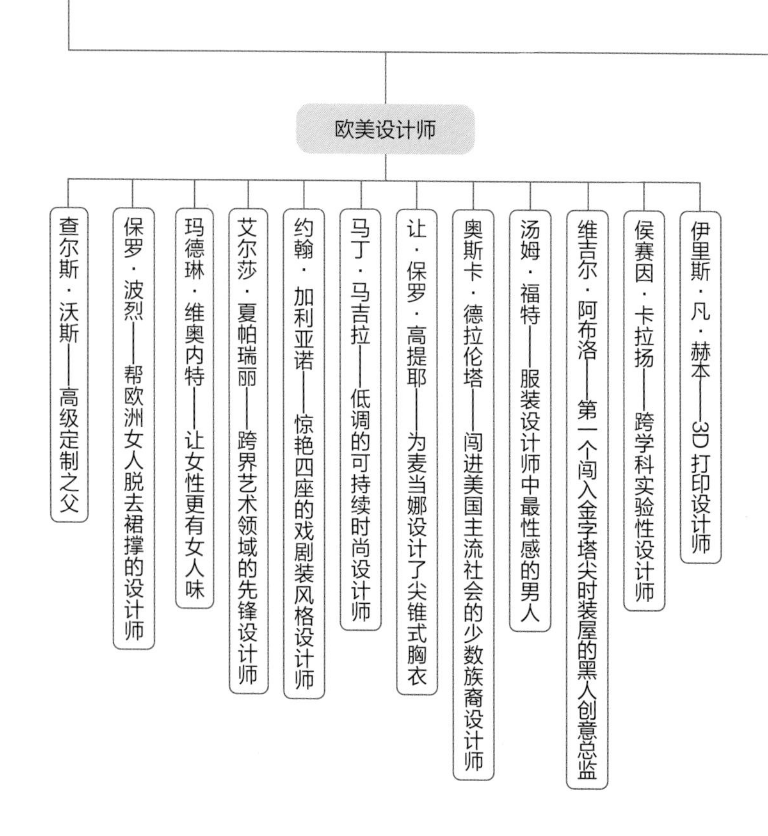

时装品牌浅析
欧美设计师
查尔斯·沃斯——高级定制之父
保罗·波烈——帮欧洲女人脱去裙撑的设计师
玛德琳·维奥内特——让女性更有女人味
艾尔莎·夏帕瑞丽——跨界艺术领域的先锋设计师
约翰·加利亚诺——惊艳四座的戏剧装风格设计师
马丁·马吉拉——低调的可持续时尚设计师
让·保罗·高提耶——为麦当娜设计了尖锥式胸衣
奥斯卡·德拉伦塔——闯进美国主流社会的少数族裔设计师
汤姆·福特——服装设计师中最性感的男人
维吉尔·阿布洛——第一个闯入金字塔尖时装屋的黑人创意总监
侯赛因·卡拉扬——跨学科实验性设计师
伊里斯·凡·赫本——3D 打印设计师

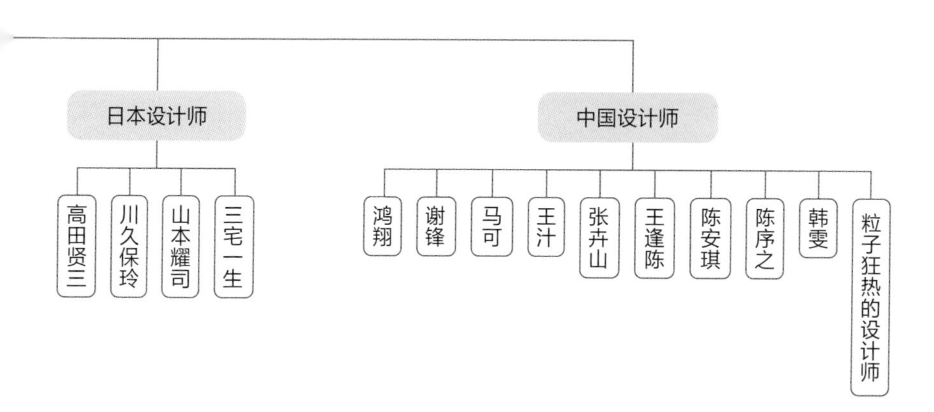

推荐阅读

Coleridge, Nicholas(1988), *The Fashion Conspiracy: A Remarkable Journey Through the Empires of Fashion*, London: Cornerstone Digital.2.

Givhan Robin(2016), *The Battle of Versailles: The Night American Fashion Stumbled into the Spotlight and Made History*, New York: Flatiron Books.

Steele, Valeri(2017), *Paris Fashion: A Cultural History*, London: Bloomsbury Visual Arts.

川村由仁夜，《巴黎时尚界的日本浪潮》，重庆：重庆大学出版社（2018）。

冷芸，《中国时尚：对话中国服装设计师》，北京：中国纺织出版社（2013）。

技术与应用篇

About Technology and Applications

第五章 认识服装的技术要点

注：面料的部分内容曾出现在作者《时装买手实用手册》一书中。本书中部分面料由面料供应商菜菜美布提供。

"品位"虽然听上去像一个抽象的名词，但是品位最终是体现在衣服的物质层面的。谈到物质层面，我们就需要具体了解面料、色彩、工艺等服装的基本元素。

第一节　常用面料分类、辨识与护理

一、面料的基本常识

（一）梭织面料与针织面料

由于织造设备及其织造方法的不同，服装用纺织面料有以下最基本的两大类：

1. 梭织面料

由两组或多组的纱线相互以直角交错的形式制成，纱线呈现纵向则称为"经纱"，纱线横向来回则称为"纬纱"。由于梭织物纱线以垂直的方式互相交错，因此具有坚实、稳固、缩水率相对较低的特性。

在所有梭织面料中，工艺相对比较复杂的是提花面料。提花面料就是织布的时候，使用不同颜色的纱线将布面织出图案的纹样。由于这种工艺一般来说比印染的印花图案更为复杂，所以提花面料一般更贵。提花面料相较于一般平面印花面料立体感更加突出（图 5-1）。

2. 针织面料

经由纱线成圈的结构形成针圈，新的针圈再穿过先前的针圈，如此不断重复，即形成针织面料（图 5-2）。

图5-1

图5-2

注：感谢上海苏锦时装有限公司总经理钱铭先生帮助审核本节内容。

（二）纺织纤维的总分类

纺织纤维主要分为天然纤维及化学纤维。

1. 天然纤维

指从植物或者动物中获取的纺织纤维。包含植物纤维（棉、麻）及动物纤维（毛、丝等）。也是目前服装用的主要纤维品类。

2. 化学纤维

主要分有以下三大类：

（1）再生纤维：以天然纤维素纤维为原料制作的纤维。大众日常说的“人造棉”“人造丝”及“人造毛”即由此种工艺制作。

（2）合成纤维：我们常用的涤纶、腈纶、维纶、丙纶、氯纶即属于此类。

（3）无机纤维：硅酸盐纤维、金属纤维即属于此类。

二、常用面料简介

以下为常用面料的主要优缺点及辨别方法。

1. 棉

（1）主要优点

① 布面光泽柔和，手感柔软。

② 吸汗散热，单价相对较低。

③ 导热导电良好，没有产生静电之困扰。

④ 怕酸不怕碱，可承受强力洗涤剂之清洗。

⑤ 吸湿力强。

⑥ 保暖性强。

（2）主要缺点

① 弹性较差，易皱折。

② 初期遇水时会有收缩的现象，洗过之后整件衣服褶皱较多，尺寸缩水或变大。

③ 易受霉等微生物及蛀虫的侵害。

④ 在无机酸环境中非常不稳定，汗酸会伤害到棉，且长时间的暴露在阳光和大气中，棉布容易被缓慢氧化，强度降低，易发生变黄现象。

（3）主要判断方法

① 用手捏紧布料后松开，可见明显褶皱，且折痕不易恢复原状。

② 靠近火焰，不缩不熔。

③ 接触火焰，迅速燃烧，火焰呈橘黄色，有蓝色烟。

④ 离开火焰，继续燃烧。

⑤ 燃烧会产生气味，灰烬少，呈线状。

⑥ 灰末细软，呈浅灰色，手触易成粉末。

（4）主要护理方法

① 可机洗或手洗，但因纤维的弹性较差，故洗涤时最好不要用大力手洗，以免衣服变形，影响尺寸。

② 棉织品最好用冷水洗，以保持原色泽。

③ 不建议使用含有漂白成分的洗涤剂或洗衣粉，以免造成脱色。

④ 不可将洗衣粉直接倒在棉织品上，以免造成局部脱色。

⑤ 将深颜色衣物与浅颜色衣物分开洗。

⑥ 干衣：脱水后应迅速平整挂干，以减少褶皱。

⑦ 熨衣：耐高温，可用高温熨烫。

（5）主要混纺成分

① 黏棉：黏胶纤维与棉的混纺。布面光泽，柔和明亮，色彩鲜艳，平整光洁，手感柔软，弹性较差。用手捏紧布料后松开，可见明显折痕，且折痕不易恢复原状。

② 涤棉：涤纶和棉的混纺物。光泽较纯棉布明亮，布面平整，洁净无纱头或杂质。手感滑爽、挺括，弹性比纯棉布好。手捏紧布料后松开，折痕不明显，且易恢复原状。

（6）主要品种

① 府绸

主要面料成分：纯棉或涤棉细特纱

组织结构：平纹组织

主要外观特点：经纱表面有凸起的菱形粒纹

主要手感特点：柔软滑糯

主要优点：布面洁净平整，质地细致，粒纹饱满，光泽莹润柔和

主要用于：衬衫、夏季衣衫及日常衣裤

图5-3

② 卡其

主要面料成分：纯棉或涤棉

组织结构：斜纹组织

主要外观特点：正反面斜纹组织都很明显的是双面卡其，仅单面斜纹组织明显的是单面卡其

主要手感特点：厚实

主要优点：结构紧密厚实，坚牢耐用

主要用于：风衣、外套、裤子、工作服

图5-4

③ 哔叽

主要面料成分： 纯棉、黏棉、黏纤

组织结构： 斜纹组织

主要外观特点： 正反面斜纹方向相反

主要手感特点： 柔软（与卡其相比，卡其手感较硬）

主要优点： 质地厚实

主要用于： 妇女、儿童衣料

图5-5

④ 牛仔布

主要面料成分： 粗特纱纯棉

组织结构： 斜纹组织

主要外观特点： 织物正反异色，正面呈经纱颜色，反面呈纬纱颜色；纹路清晰，质地紧密

主要手感特点： 手感硬挺

主要优点： 坚固结实

主要用于： 工作服、防护服、牛仔衣裤

图5-6

⑤ 灯芯绒

主要面料成分： 纯棉、涤棉、氨纶包芯纱

组织结构： 起毛组织

主要外观特点： 织物绒条丰满平整，质地厚实

主要手感特点： 手感柔软

主要优点： 保暖性好，耐磨耐穿

主要用于： 春、秋、冬服装

图5-7

⑥ 绉布

主要面料成分： 纯棉、涤棉

组织结构： 平纹组织

主要外观特点： 织物纵向有均匀皱纹的薄型织物

主要手感特点： 手感挺爽、柔软，富有弹性

主要优点： 穿着舒适

主要用于： 衬衫、裙、睡衣裤

图5-8

⑦ 罗纹布

主要面料成分：纯棉

组织结构：针织物

主要外观特点：布纹形成凹凸效果

主要手感特点：弹性大

主要优点：比普通针织布更有弹性，适合于修身款式

主要用于：T 恤、针织外套

图5-9

⑧ 珠地布（单珠地布、双珠地布）

主要面料成分：纯棉

组织结构：针织物

主要外观特点：布表面呈疏孔状，有如蜂巢

主要手感特点：有颗粒感

主要优点：比普通针织布更透气、干爽及更耐洗

主要用于：T恤

图5-10

⑨ 毛巾布

主要面料成分：纯棉或者棉混纺

组织结构：针织物

主要外观特点：底面如毛巾起圈

主要手感特点：柔软

主要优点：保暖、柔软、手感舒适

主要用于：运动及休闲类外套

图5-11

⑩ 抓毛卫衣布

主要面料成分：纯棉或者棉混纺

组织结构：针织物

主要外观特点：底面呈毛绒感

主要手感特点：柔软

主要优点：保暖、柔软、手感舒适、吸汗

主要用于：冬季运动及休闲类外套

图5-12

2. 麻

（1）主要优点

① 一般性质与棉纤维相似，但其强度大于棉纤维，潮湿状态时强度更大。

② 导热性能比棉纤维好，故更加透气与凉爽。

③ 麻纤维的抗水性能很好，对酸、碱的敏感性较低，不易受水的侵蚀而发霉腐烂。

（2）主要缺点

麻纤维的弹性在天然纤维中是最差的，所以麻布容易起褶皱，洗涤之后必须上浆或烫，才能保持其挺直板正。

（3）主要判断方法

① 靠近火焰，不缩不熔。

② 接触火焰，迅速燃烧，火焰呈橘黄色，有蓝色烟。

③ 离开火焰，继续燃烧。

④ 灰末有草木灰气味。

⑤ 灰末呈白色，手触易成粉末。

（4）主要护理方法

① 要勤换洗，否则易使织物表面的麻结发黄难洗。

② 不易浸泡时间太久，不应用力搓洗。

③ 洗涤温度保持在 35℃ ~ 40℃间。

④ 不宜暴晒。

⑤ 熨烫温度偏高，一般在 180℃ ~ 200℃间。

（5）主要混纺成分

① 麻棉：麻棉混纺物一般采用 55% 的麻与 45% 的棉混纺或者各 50% 混纺。外观上保持了麻织物的粗犷与挺括，又具有棉织物柔软的特性。改善了麻织物不够亲肤，易起毛的缺点。麻棉织物质地坚牢，多为轻薄型，适合夏季物品。

② 毛麻：将不同比例含量的毛与麻纤维混纺，具有手感滑爽、挺性好的优点。一般较适合外套类衣物。

（6）主要品种

① 苎麻布

主要面料成分： 纯苎麻、棉麻、涤棉和涤麻

组织结构： 平纹组织

主要外观特点： 织造结构相对松散，线与线之间间隙相对大，有褶皱感

主要手感特点： 手感挺爽

主要优点： 凉爽，透气，出汗后不粘身

主要用于： 夏季衣料、窗帘、装饰

图5-13

② 亚麻布

主要面料成分：纯亚麻、棉麻

组织结构：平纹组织

主要外观特点：织物纹理清晰

主要手感特点：手感挺爽

主要优点：散热性好、透凉爽滑、平挺无皱缩、易洗染

主要用于：外衣、衬衣、裤子、工作服

图5-14

3. 丝

丝织品的主要原料有桑蚕丝和柞蚕丝。人造丝属于化学纤维，现在所用的纤维素纤维，其中主要是黏胶纤维和铜氨纤维。

（1）主要优点

① 桑蚕丝——洁白而细腻，光洁优雅，易于印染，其织品的外观和手感都好于柞蚕丝丝绸。

② 柞蚕丝——其纤维的结构、强度、耐光性、耐碱性都要强于桑蚕丝。

（2）主要缺点

① 黏胶丝的强力及弹力较天然丝差，吸湿性高，日光久晒容易氧化而强度受损。

② 铜氨人造丝则吸色较快，染浴温度要低，纤维有铜残留，影响光泽，并具有导电性能。

（3）主要判断方法

市面上有很多“真丝”其实是“仿真丝”，而不是真正的丝绸。而且仿真丝大多由化学纤维涤纶制造而成。两者是完全不同的面料。

① 观察法：真丝具有吸光性能，看上去顺滑，光泽幽雅柔和，呈珍珠光亮；手感柔和飘逸，丝线较密，用手抓会有皱纹，纯度越高、密度越大的丝绸手感越好；两层面料进行摩擦会产生“丝鸣”声。而仿真丝手感虽较柔软，但绸面发暗，无珍珠光泽；化纤织物虽光泽明亮但很刺眼，手感较硬。

② 燃烧法：抽出部分纱线燃烧，真丝看不见明火，有燃烧毛发的味道，丝灰呈黑色微粒状，可以用手捏碎；仿真丝遇火起火苗，有塑料味，火熄灭后边缘会留下硬质的胶块。

（4）主要护理方法

丝绸中的织锦缎、古香缎、大花软缎、乔其绒、金丝绒、漳绒、妆花缎、金宝地以及轻薄的纱、绡、色织塔夫绸等，都不能水洗而只能干洗。能够水洗的丝绸织物，在洗涤时要结合其各自特点，使用不同的洗涤方法。以下是有关丝绸织物养护的几个小常识。

① 洗涤时在30℃以下手洗，而且要把衣服翻过来洗，用滴了几滴香醋的水浸泡一下，这样洗出来的真丝衣服柔软又光滑。

② 切忌用力拧搓或用硬刷刷洗，应轻揉后用清水投净，用手或毛巾轻轻挤出水分，在背阴处晾干。

③ 洗涤时不宜使用碱性洗涤剂和肥皂，洗后应选择在通风处晾干，避免破坏丝质衣服的手感及色泽。

④ 不要将真丝衣服挂在坚硬的金属钩上，防止绸面损伤。

⑤ 真丝不穿时，不宜与樟脑丸放置在一起，否则容易脆化。

⑥ 应在八成干时熨烫，且不宜直接喷水，并要熨烫服装反面，将温度控制在 100℃ ~ 180℃之间。

⑦ 深色的服装或丝绸面料应该同浅色的分开来洗。

（5）主要品种

① 双绉

主要面料成分：桑蚕丝

组织结构：平纹

主要外观特点：绸面呈双向的细微皱纹，色泽鲜艳

主要手感特点：有皱感

主要优点：抗皱性好

主要用于：衬衣、裙子

图5-15

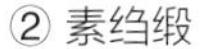

② 素绉缎

主要面料成分：丝绸

组织结构：平纹

主要外观特点：组织密实

主要手感特点：手感滑爽

主要优点：舒适

主要用于：礼服、裙子

图5-16

③ 塔夫绸

主要面料成分：桑蚕丝

组织结构：平纹组织

主要外观特点：经纬结构紧密，绸面异常平挺

主要手感特点：坚挺而柔软

主要优点：易做出廓形

主要用于：礼服

图5-17

图5-18

④ 提花绸

主要面料成分：真丝

组织结构：提花组织

主要外观特点：面料表面有提花立体感

主要手感特点：摸上去略有凹凸不平之感

主要优点：表面有肌理效果

主要用于：外衣、内衣、礼服、家用纺织品

4. 毛

毛类织物主要有（绵）羊毛、（山）羊绒、马海毛、兔毛、骆驼毛和牦牛毛等。毛类织物分为精纺与粗纺两大类。精纺织物表面平整光洁，织纹紧密清晰。光泽柔和自然，色彩纯正。手感柔软，富有弹性。用手捏紧表面松开，折痕不明显，且能迅速恢复原状。粗纺面料则表面丰满，质地紧密厚实。表面有细密的绒毛，织纹一般不显露。手感温暖、丰满，富有弹性。

（1）主要优点

① 精纺面料手感柔软舒适。

② 粗纺面料手感温暖丰满。

③ 羊毛是非常好的亲水性纤维，穿着非常舒适，吸水性强，在潮湿状态下延伸性增强。

④ 因羊毛天然卷曲，可以形成许多不流动的空气区间作为屏障，故导热性低，保温性强。

⑤ 羊毛有非常好的拉伸性及弹性，耐用性强，并具有特殊的毛鳞结构以及极好的弯曲能力，恢复能力强，因此它也有很好的外观保持性。

（2）主要缺点

① 传统羊毛织物非常容易缩水，有时可收至原来尺寸的一半，但现在有经过防缩处理的普通羊毛则不那么容易缩水。

② 羊毛容易被虫蛀，经常摩擦会起球。

③ 日光中的紫外线对羊毛纤维有破坏作用，长时间的强光暴晒会令其组织受损，其变得枯干、粗硬甚至折断。

④ 耐热性差，碱性环境下不稳定，潮湿状态下强度降低。

（3）主要判断方法

① 靠近火焰，卷曲不熔。

② 接触火焰，冒烟燃烧，有气泡。

③ 离开火焰，继续燃烧，有时自行熄灭，火焰呈橘黄色。

④ 燃烧时烧羽毛或烧毛发的气味，灰烬多，形成有光泽的不定型的黑色块状物，手触易成粉末状。

（4）主要护理方法

① 羊毛不需要经常干洗。每次穿着后，用软刷拭领口和袖口内部，不但可除去毛织品上的灰尘，也可使毛织品恢复原有的膨松外观。羊毛服饰在每次穿着期间应给予一段时间休息，以保持其外形。

② 如羊毛服饰已变形，可挂在有热蒸汽的位置或喷一点水以增加其外形的恢复。

③ 不宜机洗，因未经过防缩处理的羊毛面料遇力后会加速其毡化。

④ 一般应当干洗。

⑤ 决不能漂，因为漂白后的毛织品会变黄。

⑥ 一般毛织物都无须熨烫，如有需要可用中温蒸汽熨烫。

（5）主要混纺成分

① 毛涤混纺呢绒：外观具有纯毛织物风格。呢面织纹清晰，平整光滑，手感不如纯毛织物柔软，有硬挺粗糙感，弹性超过全毛和毛粘呢绒。用手捏紧呢面后松开，折痕迅速恢复原状。

② 毛腈混纺呢绒：大多为精纺。毛感强，具有毛料风格，有温暖感。弹性不如毛涤。

（6）主要品种（毛及仿毛）

粗花呢

主要面料成分：羊毛
组织结构：平纹、斜纹、变化组织
粗纺/精纺：粗纺
主要外观特点：花色丰富，组织结构丰富
主要手感特点：手感丰厚
主要优点：色光柔和,身骨弹性好
主要用于：西装，中长短大衣

图5-19

现在一般大众及中高端市场以天然面料或者天然面料混纺为主。以下再简单地介绍些化学类纤维的主要特点。

5. 人造纤维面料

所谓人造纤维主要指“粘胶纤维”，有人造棉、人造丝、人造毛等。

主要特点

① 织品的质地柔软，手感良好，光泽好。

② 刚度差，纤维的抱合力差。

③ 吸水性能强。

④ 染色性能好，故产品色彩丰富。

⑤ 在湿态时强度下降。

6. 涤纶

根据数据统计，涤纶是当下使用最多的纤维。

主要特点

① 强度大、耐磨、耐热、弹性好，所以涤纶广泛地运用在运动装上。

② 吸湿性差、透气性差，易让穿着者感觉不透气。

③ 易起毛、结球。

7. 腈纶

腈纶面料性质与羊毛相似，多作为羊毛的代用品，因此又有“合成羊毛”之称。

主要特点

① 具有良好的弹性。

② 保温性能好。

③ 卷曲、蓬松而柔软，颜色鲜艳。

④ 强度大。

⑤ 具有良好的耐晒能力。

⑥ 具有良好的耐热性。

⑦ 化学性能较稳定。

⑧ 吸湿性较差，容易沾污。

⑨ 耐磨性很差。

8. 皮革

皮革是将动物的毛皮经过鞣制去毛处理后，使其具有一定的柔韧性、耐水性及透气性，且不易腐烂。皮革也属于时装类产品一类较为常用的材料。

（1）常用皮革种类

① 猪皮：毛孔粗大，表面不平整、粗糙，属于经济实惠的一种皮革，但现在几乎不会使用。

② 羊皮：以山羊皮革最好，毛孔呈扁圆形，并以鱼鳞状排列，手感柔软而富有弹性，光泽自然，但价钱较贵。

③ 牛皮：皮质较为坚硬，分黄牛革和水牛革两种。黄牛革毛孔细小呈圆形，分布均匀且紧密，革面细腻光滑且有光泽，手感坚实而富有弹性；水牛革表面凹凸不平，革面粗糙，毛孔比黄牛革粗大、稀少，质地较黄牛革松弛，可用来制作多种皮具，价钱适中。

（2）主要特性

① 原为动物皮肤，所以有一定呼吸性能，较为透气。

② 耐用程度高，因其纤维为多层次结构，单向拉扯很难撕坏。

③ 为天然蛋白质，耐高温。

（3）如何鉴别皮革质量

① 真皮从外观看要求光泽丰满自然，颜色可有细微差别，且严格意义来说，没有一块皮革是完全相同的。因此真皮的皮革无论是在颜色上或者纹理上都还是有些细微差异。而仿皮的颜色则无异，人工痕迹明显。

② 真皮手感柔软，身骨丰满而富有弹性。

③ 真皮一般有股特殊的皮质气味，而仿皮只有塑料味。

（4）皮革的护理方法

① 不可浸水清洗，可常用皮膏擦皮革。

② 不可卷曲或反扭。

③ 要放在干燥阴凉的地方。

④ 存放时不可折压，以免变形。

⑤ 沾了水的皮革要立刻用干布擦干，以免氧化。

⑥ 不得和酸碱等化学品同放。

三、新型面料的发展趋势

1. 面料护理的便利性

真丝、羊毛通常不可水洗，这对于今天忙碌的人们来说属于“不易打理的”面料。纺织材料科学家们也在努力地改善这些天然纤维不便于护理的属性。现在也有可水洗的羊毛。这种羊毛之所以可以水洗是因为在工艺上对羊毛的“鳞片”进行了特殊处理。“鳞片”能够对人体起到保暖作用，但其在湿水状态下经过摩擦易收缩。这种特殊工艺既不影响羊毛纤维的保暖功能，又让它的纤维不再容易卷抱。这种羊毛通常做成可贴身穿的 T 恤，适合秋冬当打底衫穿着。真丝原本也比较容易缩水，不过现在工厂会提前对真丝面料进行预先缩水处理，也就是让面料预先缩水到一个相对稳定的尺寸，然后再对面料进行裁剪，这样也可以有效改善顾客买回去后洗涤而产生的缩水问题。

2. 可持续发展性

（1）有机棉

渐成流行的有机棉是更为环保的面料。很多人认为棉面料就是一种环保面料，实际不然。传统棉花在种植过程中会使用大量的农药，而农药对土壤、空气及棉花本身都有害。因此，棉花虽然亲肤性很好，但实际上它如今的种植方式对环境并不友好。也因此，对于可持续发展专家来说，用传统方式种植、生产出的棉面料称不上是环保面料。而有机棉改善了农药喷洒的种植方式，且对土壤、种植环境、种植流程都有一定的标准。比如受过污染的土壤必须先经过 3 年转换期，待土壤恢复后再种植棉花；种植过程中只能施以有机肥料，不能使用农药，种植需要以自然生长为主等。这样的棉花虽然种植周期更长，但也对环境及种植工人更友好。

（2）有机羊毛

有机羊毛类似于有机棉，对于羊的养殖环境及养殖方法都有一定的要求。就总体特点而言，生产羊毛的羊必须是以自然方式成长的。

（3）再生涤纶

涤纶与棉花是当下服装产品中使用最多的两大类纤维，但传统涤纶有两个缺点：其一，石油提炼过程中涉及的工艺环节对环境污染很大；其二，涤纶属于不可降解材料。当我们的涤纶衣服被送入垃圾填埋场后，花费数百年也难以降解，对于环境来说是很大的危害。而再生涤纶是使用废弃的塑料瓶制作的面料，且其后期可以被再次回收制作成涤纶纤维丝。

（4）废料利用

无论是涤纶还是棉花，都会消耗有限的能源。比如，传统涤纶是从石油中提炼的，棉花的加工会消耗大量的水资源。因此，科学家们也一直希望通过不断的技术创新对生活中的“废料”加以再利用，比如鱼鳞、蜘蛛网、海面漂浮物等。不过这些新型纤维目前主要在一些高端及国际品牌中被尝试性使用。待科技更加成熟，相信我们未来的衣物选料范围会更加广泛。

3.其他功能性

随着科技的发展，服装面料也有了越来越多的功能。比如保温面料，可以在寒冬通过测试外部环境温度并自动调节，让体感温度趋于恒定。也有在夏天可以像空调一样制冷的服装面料，不过这些服装面料目前主要运用在一些特殊行业中，比如边防战士，或者夏季高温下不得不持续作业的公务人员（医生等）。

再比如不需染色即可生成色彩的面料。我们平时所穿的衣服都是五颜六色的，这些颜色都是用染料通过化学工艺染到面料或者成衣上的。当下传统的印染工艺有两大缺陷，其一因为涉及使用化学品，有些成分包含有毒物质（但正规厂家生产的面料都会将有毒物质按国家标准控制在有限的范围内，这也是为什么购买正规厂家或者品牌的产品非常重要），这些有毒物质会成为污染源，因此，纺织印染厂对于污水排放系统都有着严格的要求；其二，印染工艺非常消耗水资源，正因如此，科学家们研究了一种不需要印染即可产生色彩的面料，其工作原理模仿了生物仿真光学原理。比如我们看到蝴蝶五彩缤纷的色彩，并不是因为蝴蝶身体是这种色彩，而是通过光的折射呈现出这样的色彩。科学家们利用这个原理，通过织物不同的组织结构，让织物在不同的光源下产生不同的色彩。

随着科技的发展，相信在不久的将来，我们都会穿上健康、舒适，又能随时适应气温的面料。

第二节　色彩基本常识

一、色彩的基本概念

（一）色彩的分类

色彩总的可分为有彩色与无彩色两大类。无彩色即指黑色、白色以及由黑白两色调和而成的各种深浅不同的灰色，有彩色主要为红色、橙色、黄色、绿色、蓝色、紫色这几种基本色的混合色，以及基本色与无彩色之间混合所产生的颜色。

（二）色彩的三属性

色彩的三属性是指色彩具有的色相、明度、纯度三种性质。色彩三属性是界定色彩感官识别的基础，灵活应用三属性变化是色彩设计的基础。

1. 色相

色相是指色彩的相貌。在色彩的三种属性中，色相被用来区分我们平时常说的“颜色”，例如红色、黄色或绿色等。

色彩有不同的体系，比较常见的有孟赛尔色彩体系及日本色彩研究所开发的 PCCS（Practical Color coordinate System 实用色彩调和系统）色彩体系。PCCS 色彩体系的最大特点是将色彩的三属性关系综合成色相与色调两种观念来构成色调系列，在服饰色彩领域运用比较广泛。图 5-20 即为用于表达 PCCS 色彩体系的色相环。

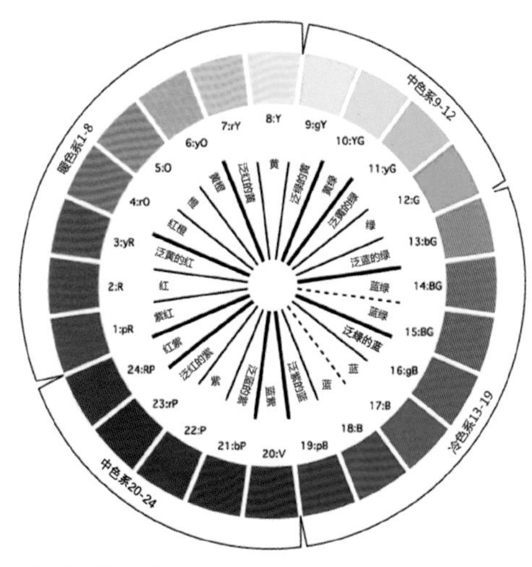

图5-20 PCCS色相环

2. 明度

明度是指颜色的明暗程度。在色相中分别加入不同量的白色或者黑色就会形成不同明度的明度阶。图 5-21 的 PCCS 色调图中，纵向便是明度变化。可以看出，越往上，明度越高（白色越多）。所有色相中，黄色明度最高。

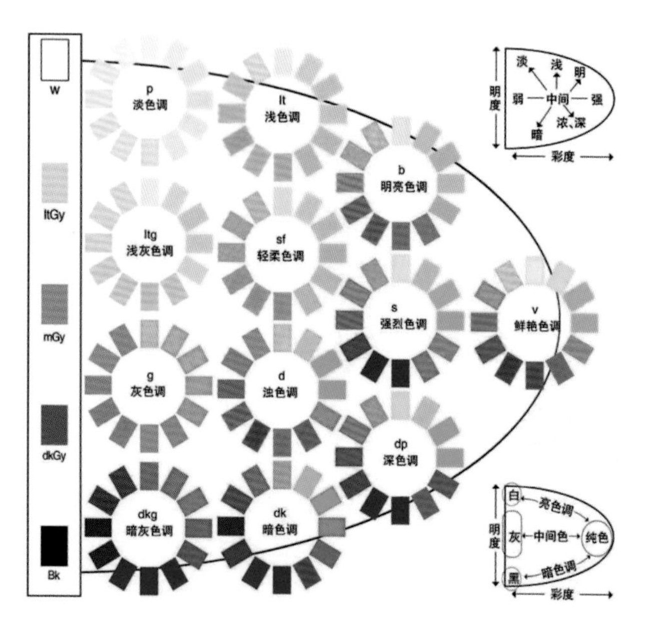

图 5-21 PCCS色调图

3. 纯度

纯度指的是色彩饱和程度。 色彩饱和度越高，色彩纯度也越高。这也是我们平时俗称的色彩的鲜艳程度。PCCS 色调图中，横向就是纯度的变化。越往右，色彩纯度，也就是色彩饱和度越高。黑白灰没有纯度只有明度。

（三）有关色彩的其他理论

1. 三原色

要了解色相环首先要先了解三原色。原色指“不能由其他颜色混合得到而独立存在的颜色，即无法再分离的色彩”。其他颜色都是由三原色混合而成的。原色又分为色彩三原色及光学三原色。

色彩三原色即为图 5-22 中品红色、黄色及青色。色彩三原色广泛运用于印刷、油漆、绘画等靠介质表面的反射被动发光的物体上，物体所呈现的颜色是光源中被颜料吸收后所剩余的部分，所以其成色的原理叫作减色法原理。色彩三原色按相同比例混合后得到的颜色是黑色。

光学三原色即为图 5-23 中的红色、绿色及蓝色。光学三原色广泛应用于电视机、监视器、灯光等主动发光的产品中。光谱中大部分颜色是由光学三原色按不同的比例混合而成。当光学三原色以相同的比例混合时，呈现的颜色是白色。这种混合方法也称为加色法原理。

PCCS 色彩体系的色环结构，是以“色彩三原色学说”为理论基础的。以红 (R)、黄 (Y)、蓝 (B) 为三主色，由红色和黄色产生间色——橙 (O)，黄色与蓝色产生间色——绿 (G)，蓝色与红色产生间色——紫 (P)，组成六色相。在这六个色相中，每两个色相分别再均等地调出三个色相．便组成图 5-20 中的 24 色色相环。

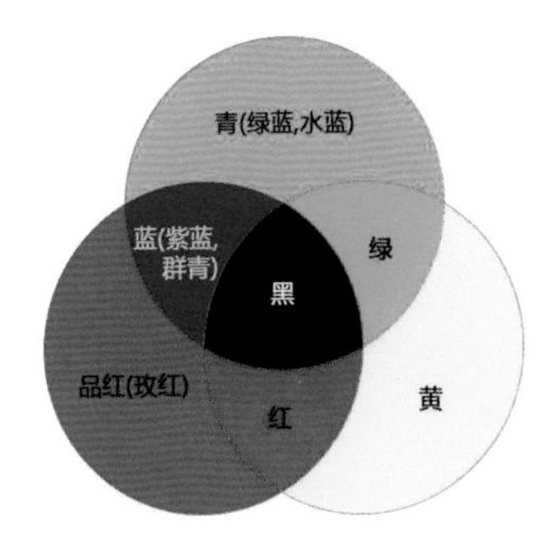

图5-22 色彩三原色

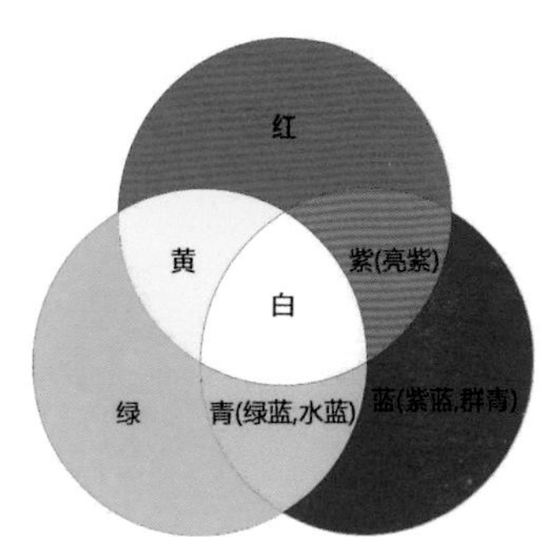

图5-23 光学三原色

2. 色调

PCCS 色相环最大的特点就是利用色调图平面地展示了各个色相的明度和纯度的关系。根据每一色相在色调图中所处的位置，可以准确地知道其纯度和明度。色调能够更加准确地表达色彩。

如图 5-23 PCCS 色调图所示，PCCS 共有 12 个色调。这 12 个色调是以 12 色相为主体，分别以清色系、暗色系、纯色系、浊色系色彩命名。色调与色调之间的关系同色彩体系的三属性关系的构架是一致的，明暗中轴线由不同明度的色阶组成。

二、色调分类

PCCS色调图，自右至左，自上而下分别解释如下。

（一）鲜明的鲜艳色调（v）

纯色调是由高纯度色相组成的色调。每一个色调个性鲜明，具有挑战性，令人振奋、赏心悦目。强烈的色相对比意味着年轻、充满活力与朝气（图5-24）。

图5-24 鲜明的纯色调红色

（二）清新的明亮色调（b）

在高纯色相的基础上加入少量白色，提高了明度。因此明亮色调清新、明朗，像少男少女的纯真、朝气蓬勃，具有上进精神（图5-25）。

图5-25 清新的明亮色调

（三）强烈色调（s）

强烈色调是在高纯度色相中加入少量的中灰色，色彩鲜艳度虽然没有纯色调高，但是色相表达依然清晰，少了纯色调的艳丽及强烈对比，多了份调和与稳重，却依然保持了纯色调的活跃与鲜明感。图5-26中的裤子，相比图5-24中的红色裙子，就要色彩鲜艳度（饱和度）高些。

图5-26

（四）稳重的深色调（dp）

深色调在高纯度色相中调入了少量黑色。此色调在保持原有色相的基础上又笼罩了一层较深的色调，显得稳重老成、严谨、尊贵。相对于暗色调，色彩的纯度更高，色相的辨识度更高。比如图 5-27 中右侧模特连衣裙的红色，属于稳重的深色调。

图5-27

（五）明净的浅色调（lt）

浅色调属于明亮色系列，其特征是在高纯度色相的基础上加入了多量的白色，提高整体色调的明度，色彩饱和度相对减弱。浅色调犹如春天的新绿，透明、清丽、明净、轻快。居家服和年轻人都很适合这种色调（图 5-28）。

（六）柔和的轻柔色调（sf）

轻柔色调是在高纯度色相中加入中等量的浅灰色，这样虽使各个色相中显出一定的灰度，但原有的色相依然清晰可见。该类色调在雅致中又含有稳重的成分，总体还显得较为年轻（图 5-29）。

图5-28 图中的裙子就属于明净的浅色调

图5-29 图中的裙子就属于轻柔色调

图5-30

（七）中庸的浊色调（d）

在高纯度色相中加入深灰色，所有色相呈现灰色感，虽然总体让人感觉比较中庸，但又不乏一些活力。比如图 5-30 中的裙子，原色相是红色，加入了深灰色，形成这种棕咖色。

（八）深沉的暗色调（dk）

暗色调调入了比暗灰色调稍微少量的黑色，形成浓浓的深色调。隐约中略显各色的相貌，这是暗色调的特征。表现出深沉、坚实、冷静、庄重的气质。图 5-31 中的蓝色外套，就可以看出在蓝色中混入了中等量的黑灰色。

图5-31

图5-32

（九）淡雅的淡色调（p）

这是在高纯度色相中加入大量的白色，使色相几乎泛白，色相的感觉模糊化。淡色调让人感觉比较淡雅与恬静，显示出一种安静的美（图 5-32）。

（十）朴实的浅灰色调（ltg）

浅灰色调是一组含有浅灰色的色彩纯度较低的色调。浅灰色调带有几分深沉与暗淡，有着朴实、含蓄、稳重的特色。图 5-33 中上身的西服就带有浅灰色调，其原本色相是红色，又加入了大量的白与微量的灰色。

图5-33

（十一）浑厚的灰色调（g）

色相环中所有颜色均调入中灰色，使色相感呈现低弱灰暗的灰调。就像乌云密布般阴郁暗淡，令人压抑。图 5-34 中的裙子就是偏向灰色调的蓝绿色。

图5-34

（十二）沉重的暗灰色调（dkg）

暗灰色调里调入了大量的黑色，原有色相已难以辨清，整体色彩泛黑，显示出强烈的沉重感。图 5-35 中的大衣就是暗灰色。

图5-35

三、色彩带来的心理感觉

不同的色彩会给人带来不同的心理感觉。这种心理感觉是用来设计及搭配服装的重要技巧之一。

（一）冷暖感

色相与色调都可以营造出冷或者暖感觉。

在 PCCS 色相环中，1 ~ 8 号即红橙黄色系为暖色系；13 ~ 19 号的绿蓝色系为冷色系；其余的则为“中间色系”。色彩的冷暖同时又具有相对性，比如红色与黄色并置，黄色有冷的意味；黄色与蓝色并置，则蓝色更冷。冷暖对比可分为强对比、弱对比、中等对比，冷暖倾向越单纯，对比越强，刺激力越强。

图5-36

冷暖色彩对人的视觉影响不同，暖色使人有前进感、膨胀感；冷色使人有后退感、收缩感。冷暖色彩对人的生理机制和心理机制也有不同的影响。暖色使人产生兴奋、积极、自信、温暖的感觉，冷色则产生镇静、消极、压抑、寒冷的感觉。

图 5-36 中的黄色上衣与第 114 页图 5-31 中的蓝色外套，就是明显的冷暖对比。

（二）轻重感与软硬感

轻重感主要与明度相关。明度高的色相感觉较轻，明度低的色相感觉较重；明度相同，纯度越高则感觉越轻，纯度越低则感觉越重；纯度越高的暖色感觉越重，纯度越低的冷色感觉越轻。

软硬感与明度及纯度都有关。加入白色或者浅灰色的有彩色感觉柔软，混有中灰、深灰及黑色的色相让人感觉较硬。如第 113 页图 5-29，夹克较硬，纱裙的色彩更柔和。上装夹克给人以沉重的感觉，下装给人轻飘的感觉，除了面料材质造成的差异（上衣是质感较重的皮革，下裙是轻薄的纱），也与色彩有关。同样是紫色系，下裙明显明度高（偏白），上衣则灰度高（偏灰）。

（三）兴奋感与沉静感

纯度越高的色彩越让人感觉兴奋，纯度越低的色彩则越让人感觉沉静。

第 113 页图 5-27 和图 5-37，同样是红色系，裤子因采用了高纯度的红色让人感觉兴奋；裙子的颜色则采用了暗红色，相对让人感觉沉静，整体搭配让人感觉稳重中不乏活力。

图5-37

（四）华丽感与朴素感

高纯度色、高亮度色或者色调差较大的纯色与白、黑配色时，容易让人产生华丽感；相反，低纯度色、低亮度色或者低彩度同白、黑配色时容易让人产生朴素感。图 5-38 与图 5-39 对比可见差别。

图5-38

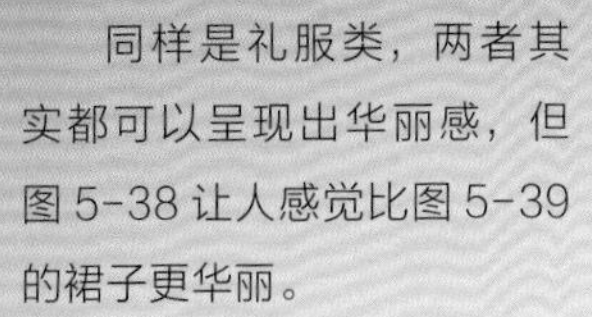

同样是礼服类，两者其实都可以呈现出华丽感，但图 5-38 让人感觉比图 5-39 的裙子更华丽。

因为黄色色相本身就带有些许华丽感，图 5-38 中的裙子又是明晃晃的金黄色，并且在面料上可能加了闪粉工艺，就给人更加亮晶晶华丽丽的感觉。

而图 5-39 的华丽感主要来自面料呈现出的光泽感，但是色调相对朴素。

图5-39

（五）活泼感与忧郁感

纯色，纯色与白色或者明亮色、暖色搭配，让人感觉活泼；而纯色与黑色或者冷色搭配，让人感觉忧郁。

图 5-40 中的上衣是高饱和度的明黄色，让人感觉活泼；而第 116 页图 5-34 中的裙子使用灰色调的蓝绿色（冷调），让人感觉忧郁。

图5-40

（六）前进感与后退感

相同位置的物体，颜色不同，会让人感觉其远近距离不同，产生前进或者后退的感觉。暖色让人感觉前进，冷色则让人感觉后退；明度高的颜色给人前进的感觉，明度低的颜色则给人后退的感觉。

如第 117 页图 5-36，色彩明亮的上装搭配带有橙黄色条纹的裤子，十分抢眼。而旁边身着灰色系服装的女生，总是之后才能被看到。

四、色彩搭配

色彩搭配的方法主要取决于色彩搭配的目的。搭配目的是让人感觉和谐统一或有所变化，这决定了两种主要的搭配方法：一种是类似法，另一种是对照法。类似法即在色相、明度、纯度三种要素中，让某种要素相似，而变化其他的要素，这被称为“近似调和”。调和的同时要追求统一中的变化，因此要依据这个原则来处理好两种对立统一的要素的组合关系。而“对比调和”是以强调变化而组合的和谐色彩。在对比调和中，明度、色相、纯度三种要素可能处于对比状态，因此色彩更加突出生动活泼、鲜明的效果。对比调和的色彩组合关系要达到某种既有变化又能统一的和谐美，主要不是依赖要素的一致，而是依靠某种组合秩序来实现调和。

以下是常用色彩搭配方法。

（一）色相对比

1. 同类色相对比

即在同一色相环上，色相与色相间相隔小于 15° 的对比搭配法。

在色相环上，同类色相对比，表现出有明度、纯度和冷暖倾向的区别，如图 5-41 中的就是同一蓝色色相的对比。

2. 类似色相对比

即在同一色相环上，色相与色相间相隔约 15° 的对比搭配法。

类似色相是色环上非常邻近的颜色。类似色相对比的色相差很小，调式统一，这种对比利于突出某一色相的色调。

如图 5-42 中泛红的黄色，也就是 PCCS 色调图中泛红的黄（即 7rY）。其中的红色条纹，从色相上来说，与 7rY 相距在 30° 左右。

图5-41

图5-42

3. 邻近色相对比

即在同一色相环上，色相与色相间相隔约 45° 的对比搭配法。

按顺序相邻于色相环上的基础色相黄与绿、橙与黄、红与橙这样的色相并置对比，称为邻近色相对比，但只属于色相的弱对比范畴。在黄绿对比中，绿本身有黄色；黄与橙的对比中，橙本身有黄色；红与橙对比中，橙本身有红色。邻近色相对比的特征是统一明确，对比清晰，是一种易于掌握、易于出效果的配色方法。

如第 112 页图 5-26 中的上衣，偏向 PCCS 色相环中 6yO 黄橙色，而裤子则更偏向于 3yR 泛黄的红色，它们差不多是邻近色相关系。黄色中有红色，红色中有黄色，虽然可能对于大众来说色相饱和度较高，总体还是很和谐的。

4. 原色对比

即在同一色相环上，色相与色相间相隔约 120° 的对比搭配法。红、黄、蓝表现出最强烈的色相特点，它们之间的对比是色相对比中最为强烈的对比。三原色搭配中，这三种原色都具有主动性，都难以征服对方，因此造成的冲突感较强。

如图 5-43 中蓝色的上衣与黄色的鞋子就是一对原色对比关系。不过上衣的蓝色明度较高，淡化了原来的蓝色，因此与黄色形成的对比没有那么强烈。而且因为黄色与蓝色距离较远，面积也小，所以整体服装搭配而产生的色彩冲突没原本原色形成的色彩冲突那么强烈。

图5-43

5. 补色对比

即在同一色相环上，色相与色相间相隔约 180° 的对比搭配法。黄与紫是最具冲突的一组互补色，其色相个性悬殊、明暗对比强烈，故视觉感强，形象清晰，层次丰富，是最为生动的补色关系；蓝与橙对比，是冷暖对比的代表；红与绿对比明度关系接近，富有色彩表达力度，但容易使眼睛产生眩目感和疲劳感。

第 121 页图 5-42 中的红色包装袋与绿色背景其实就是一种补色关系。在日常生活中，圣诞节看到这样的配色机会较多。

（二）明度配色

1. 相同明度配色

即明度相同的配色方法，例如属于同一明度不同色相之间进行搭配。

如图 5-44 中的上衣与短裤，都是属于同一明度的浅色调，这就是相同明度配色。色相方面，接近红色与蓝绿色关系（色相间距 120° ~180° 之间），属于对比较为强烈的色相配色。但因为两者保持了相同的明度，且明度较高，原色相看起来并不明显，因此整体视觉冲突感并不强烈，属于典型的统一中又有变化的配色。

2. 类似明度配色

即高明度和中明度相配，或者低明度和中明度相配。为了不使两个色相之间的冲突显得过于强烈，通常这种情况下会使用同一色相或者类似色相。如第 113 页图 5-29 中的服装就属于同一色相的不同明度与纯度对比。裙子明度更高，纯度相对低，而上装则是中等明度与纯度。此类配色表现出含蓄、平凡、明确、稳重的心理。

3. 对照明度配色

即高明度与低明度相配。

如图 5-45 中上装是高明度，下装是低明度。

图5-44

图5-45

（三）纯度配色

1. 相同纯度配色

即纯度相同的配色方法，例如属于同一纯度不同色相之间进行搭配。

如第 121 页图 5-41 中上装与下装的蓝色，纯度比较接近。不过因为上衣有白色小圆点，可能视觉上会反衬得衬衣的蓝色稍微暗一点儿。

2. 类似纯度配色

即高纯度和中纯度相配，或者低纯度和中纯度相配。

如图 5-46 中的上衣是高明度、低纯度，裤子则是中偏低纯度、中明度。

3. 对照纯度配色

即高纯度与低纯度相配。

如图 5-47 中上衣是高明度低纯度的红（粉红），裙子则是中高纯度、中等明度的红。

配色还有许多其他方法，色彩搭配是一门独立专业的学科。国内也有专业的色彩搭配师资格认证，有兴趣的读者可以自行查找更多的资料。

图5-46

图5-47

第三节　服装廓形、版型、尺寸与长短

一、常见服装廓形及廓形对人体的意义

服装廓形，顾名思义就是服装外轮廓的造型。廓形对着装的意义重大。其一，因为衣服的廓形可以帮助体形扬长避短。大多数人的体形都不算完美，但是服装却可以帮我们隐藏缺点，这其中，服装的廓形就是一个可以被利用的要素。我们可以利用服装廓形让人们对我们身材的注意力转移到衣服廓形本身，从而忽略我们本来的体形。比如，一个肩膀较窄的女性，可以穿着垫肩西服来弥补肩部过窄的问题。自觉胸部不够丰满的人，可以通过穿着 X 形的衣服，让腰部看上去比较纤细，从而带来胸部丰满的视觉效果等。其二，在设计中，廓形创新也是服装设计师创新的重要方面之一。

（一）H 形

我们日常生活中最常见的是 H 形的服装廓形，也就是我们平常说的直筒形，这种廓形是看不到收腰设计的。H 形可以说是一种万能的廓形，它几乎适合各类场合，而且对人的体形要求也不高（图 5-48）。

（二）X 形

X 形的服装廓形就是两头宽、中间收腰，好像字母 X 的形状。这是一种很受女性喜欢的服装廓形。X 形的短裙会给人性感中略带一点小可爱的感觉（第 112 页图 5-24）。如果是 X 形的中长款连衣裙，给人的感觉可能是性感与优雅。

图5-48 H廓形上装

（三）A 形

A 形的服装廓形就是上窄下宽，好像字母 A 一样的形状。在职场上，一些女性喜欢穿短裙，但无论什么类型的廓形，在商务场合以及其他正式场合，裙子长度应当适合得体，通常建议裙长不要短于膝盖上一张名片宽度的高度（图 5-49）。

图5-49 大A字连衣裙

（四）O 形

O 形的服装廓形也被称为茧形或者椭圆形。它是一种两头窄，中间有些弧度的造型。廓形为 O 形的服装比较宽松，穿起来也让人感觉非常舒适。

如图 5-50，如果模特双手垂直，我们应该会看到一个类似茧形的廓形。我们可以看出其肩部比较圆润，下摆收窄。

图5-50 O形卫衣

（五）T 形

T 形的服装廓形上半部分宽，下半部分窄。最常见的 T 形廓形就是宽肩西服。这种廓形给人感觉比较有力量感，适合职位较高的女性。

如图 5-51，可以看出图中衣服的肩膀较宽。宽肩西服是典型的 T 形廓形。

图5-51

二、版型

这里的版型是指人体与衣服之间的物理距离，具体来说就是越紧身的衣服，衣服的面料和人体的体形越贴合；越宽松的衣服，面料距离人体的物理距离越远。按这个定义，我们可以将版型分为以下五类。

（一）紧身型

我们平常穿的内衣，如泳衣、骑行服等这种有特殊功能的运动衣，以及一些晚会礼服通常都是紧身型的版型。紧身型的衣服面料大都带有弹性，当然这种衣服对身材要求也比较高。如第 118 页图 5-38 中的礼服就是紧身型版型。

（二）合体型

合体型的衣服虽然比紧身型的衣服稍微宽松些，但大体上依然贴合人的体形，可以看得出人体的曲线美。一般职场着装多以合体型为主，因为合体型的衣服让穿着者看上去比较有精神。很多人觉得合体型的衣服只适合苗条的女性，其实只要身材匀称，即使是微胖身材也能将合体型的服装穿得很好看。如第 119 页图 5-39 中的礼服裙就是合体型版型。

（三）半合体半宽松型

半合体半宽松型的版型介于合体型版型和宽松型版型之间。这种版型可以看到些许腰部曲线。商务休闲或者休闲服饰中这样的版型比较多。这也是一种当下较受欢迎的版型，因为穿着令人舒适（图 5-52）。

图5-52 半合体半宽松型

（四）宽松型

宽松型版型完全看不到腰部曲线。潮牌多设计成宽松型版型。如图 5-53 的衣服和裤子都属于宽松型版型。

图5-53 宽松型

（五）超宽松型

超宽松型版型也是常说的“oversize”版型，这种版型特点就是做超大的落肩设计，即肩线位置不在肩膀，而是在臂膀部位。整件衣服看上去松松垮垮，完全让人看不到着装者原本的体形。

自从潮牌开始流行以来，超宽松型版型一直都比较流行。

如第 126 页图 5-51 的西服就属于超宽松型版型。相较于同样是宽肩西服的图 5-53，这款西服的版型明显更加宽松（当然因为模特未系纽扣，也可能是视觉上的超宽松）。

越宽松的版型，给人的感觉越休闲舒适，适合休闲场合，通常不适合职场；合体型与半合体半宽松型的衣服更适合职场；紧身型版型，除了适合运动员穿着，更适合在舞会上穿着。

值得注意的是，廓形、版型和尺寸不是同样的概念。同样的产品、廓形和版型，也可以有不同的尺寸。同样的合体型 T 恤，也有大、中、小不同尺寸。尺寸的含义是根据不同尺寸的人体，衣服所有的尺寸都会做相应的调整。

三、服装结构

（一）服装结构的含义

服装结构是一门研究人体与服装关系的学科，负责解决服装结构工作的人在业内被称为版师（打版的师傅）。虽然很多人可能觉得做衣服的门槛并不高，毕竟在从前我们的母亲可能多少都会自己做几件衣服，但一件衣服要做得好，其实技术门槛还是挺高的。服装结构最大的两个技术挑战在于：其一，如何让一件衣服穿上之后让人感到舒适，又使人看上去很有精神。就拿西服来说，如果人体与衣服间的空间较大，人体通常会感到舒适，但与此同时，衣服可能看上去有些松垮。如果衣服很合体，很显身材，但在穿着时可能就觉得各种不舒适，毕竟人在日常生活中都是进行各种活动的，比如上下车，手要提东西，或者弯腰拿东西。所以好的品牌公司在做样衣时，会有专门的试衣模特来试衣服，并模拟做出各种人们日常生活中要做的动作。

电商购物就会常常产生这种因为不能试穿而导致的退货问题。毕竟看别人穿的效果和自己穿的效果差异很大。不过，未来这个问题可以依靠试衣软件解决。虽然现在市面上的试衣软件还比较初级，但随着 3D 技术与仿真数字人的发展，未来每个人都可以拥有一个自己的虚拟数字人，并用自己的虚拟数字人在虚拟空间为自己试穿衣服。这并不是天方夜谭，其技术已经在应用中，只是目前主要用作商业用途，未来等到技术普及后也可以给个人使用。

（二）长度

大多数人购买衣服时会关注面料、色彩、款式，以及上身效果与舒适度，不过很少人会注意衣服的线条、比例与长度这些细节。但一件衣服的整体效果更多时候恰恰是靠这些细节来起作用的，也是让衣服看上去“有品”的重要因素。通常来说，服装长度越短、越有活力，越显得人物干练；长度越长、越隆重，越显得有女人味。除了休闲场合，正式场合的长度应该是得体的。如果穿着裙装，比较适合的长度通常是短不过膝盖以上一张名片宽度的位置。

衣服长度与几个因素有关：

① 流行趋势。每年的流行趋势都会包括服装长度这个细节元素。

② 款式设计的目的。比如表达休闲感，表达精干感等。

③ 个人的生活方式需求。

胸上线

即胸部以上的长度。这基本也是一件短外套能做到的最短的长度。

胸下线

就是到达胸部以下的长度。

上腰节线、下腰节线

大家可以两手叉腰，两只手能够握住身体最细的部分，那就是你的中腰处。人体的腰部是有一定长度的，在中腰线之上的长度就是上腰节线长度。腰节线提高，会显得穿着者看上去很有精神；其次它也会拉长人体下半部分的视觉长度，显得人比较高挑。下腰节线则指腰节线在中腰线以下。

胯部线

长度到胯部的线即为胯部线。一般短外套都是到这个长度。

臀围线

一般指臀围的中线。一般外套都是到这个长度。这个算是一个不长不短的长度。如果是盖过臀部的线，对于一般西服外套就是偏长的长度了。

大腿长度

再往下的长度就是大腿线的长度。短裤、裙子一般最短就短到这个长度了。一些短风衣、大衣可能也是这个长度。不过这个长度一般不适合办公场合，只适合户外与休闲场合。

膝上、膝盖、膝下长度

再往下就是膝上长度。通常膝盖以上 8～15厘米的长度都是比较常见的长度。有的也会正好到膝盖的长度，或者膝盖以下几厘米的位置。适合一般的裙装、风衣、长外套。

小腿长度

这个长度一般也是我们说的七分长度。适合一般的裙装。这个长度也非常适合办公场所。

脚踝长度

这也是九分长度。适合一般的日常裙装和礼服，有的风衣与羽绒服可能也会用这个长度。不过这个长度偏休闲感，更适合休闲场所。

拖地长度

一般适合礼服。

第四节　如何识别服装质量

服装的版型和工艺也是一项专业的工作，但这并不代表普通消费者就无法辨识衣服品质的好坏。这里我以男士西服为例，来演示普通消费者如何区分服装版型与工艺的好坏。之所以以男士西服为例，是因为在所有服装品类中，高档的男士西服对版型和工艺的要求更高。即使是女装，也可以同样参考这些评估维度。

一、材料

材料的价格，决定了服装成衣的价格，也决定了其品质的好坏。

（一）面料

1. 普通人如何判断面料的好坏

面料是决定服装品质的重要因素。大多数人无法像专家那样判断面料的好坏，但普通人至少有两个简单的方法来判断面料。

首先是燃烧法。燃烧可以区分天然面料和化纤面料。这在面料部分已经有所介绍，所以本处不再赘述。通常来说，贴身穿的面料最好是天然面料。外套大多使用化纤面料，除了价格相对更优惠，也因为化纤面料通常更加耐磨、速干，所以运动服多用尼龙和涤纶面料也是有道理的。不过也不能绝对地认为天然面料一定比化纤面料好。面料加工工艺有很多环节，从纤维的制作开始，到后期纤维的梳理方法、纺纱过程、织布、染色乃至后期工艺处理都会影响面料的好坏。化纤面料也有高档的，天然纤维也有粗制滥造的。

其次是靠手摸。一般来说，手感越柔软、细腻，也就是我们说的亲肤性好，都是好面料。很多人看面料也会看其光泽感和滑爽感，化纤与真丝面料的光泽感和滑爽感通常都比较好。

2. 顾客一般对面料都有哪些期望

我曾经做过的一项消费者调研表明，大部分消费者对面料还有以下的期望。

（1）面料不起球、不缩水

事实是，有的天然面料其天然属性就容易起球且缩水，比如羊毛和棉花。现在在加工工艺上可以做到让这类问题不那么明显，但是多少还是会有些。这些问题并非一定是品质问题。

（2）耐用、耐穿、耐磨、不容易烂

通常通过国标检测的衣服都能做到这些基本的要求，这也是为什么购买好品牌的产品很重要。

（3）不变形、尺寸稳定

对于梭织面料这通常不是问题，但针织面料和毛衣比较难，这也是它们的面料（纱线）构造决定的，它们弹性很大，也容易变形。所以如前所述，针织面料和毛衣的晒洗方式都很重要。

（4）不掉色

通过国家相关机构检测的面料，通常掉色程度肯定在标准范围内。作为普通顾客，检验面料是否掉色的一个最简易的方法是拿张白纸，将面料在白纸上摩擦看是否会掉色，也可以进行沾水测试。在行业里，我们自己也通常用这个方法来快速检测。

（5）面料不皱

羊毛、棉和真丝面料都属于天然易皱面料，所以皱并不代表品质不好，某些时候它们甚至代表这是真正的高档货。只是皱巴巴的面料确实需要打理。那些号称“抗皱”面料的大多是添加了一些化学试剂，可以防止面料褶皱，但是也要看这些化学试剂的成分是什么。面料在加工过程中大多都会使用化学染料，所以为什么买正规品牌的产品很重要。

（6）不掉毛

如果是真正的动物毛，掉毛是很正常的。要求动物毛不掉，就好像要求人不要掉头发一样不合理。也因此，这些都更需要消费者理解面料属性，而不是强求它们的完美。

3. 购买服装时所应关注的面料要素

（1）面料成分

面料成分即指“面料纤维成分”。它决定了面料的许多属性，包括手感及护理方法，是顾客购买产品时必须了解的一项内容，所以非常重要。

（2）护理特性

面料成分也决定了面料的护理方法。大多数人不喜欢购买护理方法过于麻烦的产品。护理方法通常都通过洗水标识显示。

（3）洗水标识

规范的洗水标识应该包括以下要素。

① 洗涤方式：是否允许手洗、机洗、干洗。

② 洗涤温度：通常来说是温水或者冷水洗，一般会指示洗涤温度不可超过多少摄氏度，否则可能对面料造成伤害。

③ 熨烫温度：不同纤维承受的温度是不一样的。对于一些纤维来说，温度过高时可能会被烧灼甚至熔化。因此，熨烫温度的设定是重要的。

④ 熨烫方法：有的面料可以直接在正面熨烫，有的需要将面料翻过来在反面熨烫，有的则需要垫一块其他面料进行熨烫，避免直接接触服装。

（4）面料克重

面料克重，指每平方米面料的质量，单位为 g/㎡，是表示面料厚薄的指标。面料克重也是顾客购买衣服时容易忽略的部分。比如一件看上去很好看的衣服，结果穿了以后才发现衣服很重，穿得时间稍微长些就很有负担。

（二）里布

一般外套、裤子、裙子都会用到里布。里布的作用主要有几点：减少人体与衣服的摩擦，便于穿着；为了美观，衣服缝合都会产生毛边和线迹，里布可以遮盖这些制作痕迹；里布也有一定的保暖作用。里布质量高（比如真丝）的衣服穿起来更加舒适、透气，不过大部分衣服的里布是化纤面料（多为涤纶），服装的质量与价格也因此有高低之分。比如高档西服一般都会使用真丝做里布，价格也因此而更加昂贵。里布的工艺有全里和半里之分，两者本身的差别并不说明衣服品质的优劣。另外，高级西服即使是半里布工艺，其所有缝合之处也都会用里布包干净，完全看不到布边。图 5-54 中的西服是全里布工艺，图 5-55 中的西服则是半里布工艺，主要是袖子和上半身有里布。对于西服来说，半里布会让衣服保持一种轻薄飘逸之感，穿起来很轻松。女装高级定制裙装的内部也大多采用这种工艺。

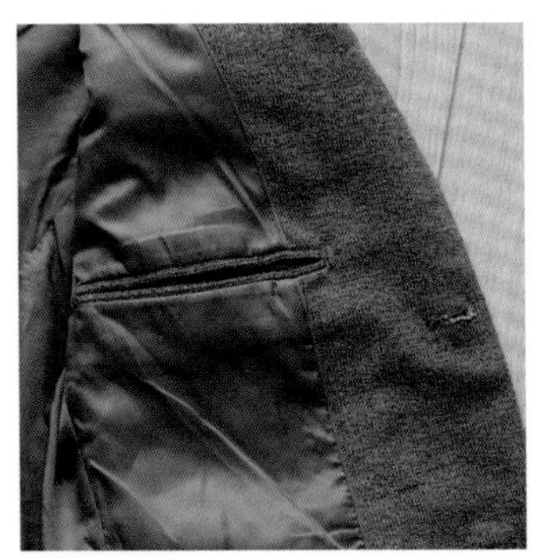

图5-54

图5-55

（三）辅料

辅料，包括纽扣、拉链、胸衬、粘合衬、垫肩、缝线等，这些也都有品质优劣之分。比如，高级西服的纽扣多用动物角或者塑胶纽扣，而普通西服则是用塑料扣。拉链大家比较熟悉的品牌则是 YKK，好的品牌一般会指定 YKK 作为拉链供应商。

图5-56

西服的胸衬也很有讲究（如图 5-56）。一般高档西服使用马尾衬，因为它更加硬挺，而且对于胸肌不发达的男性，可以通过多用几层马尾衬来达到看似有胸肌的效果。

一般衣服的门襟、领部、口袋与摆边都会使用粘合衬，粘合衬主要为了定型。垫肩则主要用在西服肩部。粘合衬和垫肩品质差的衣服洗水几次就会看到有好像白纸一样的东西出来，或者垫肩揉缩成一团。

缝线则一般根据服装面料有不同的粗细、材质及牢固程度。通常来说，真丝缝线比较光滑，有高级感。也有棉线和涤纶线。总之，辅料也是一个区分衣服品质好坏的重要方面。

二、版型、结构、线条与工艺

原则上，版型、结构与线条体现了衣服整体的舒适度以及线条的美感。舒适度主要取决于每个人穿上后的感受。好的版型是既能让人感觉到舒适、活动自如，还能让人看上去很有精神气儿。差的版型则要么看上去好看，穿上身并不舒服（但这个时候顾客可能会觉得自己身材不够好）；要么就是虽然穿得足够宽松，但是整体视觉上看上去很邋遢。

我们以图 5-57 为例，来谈谈版型、结构与线条的问题。

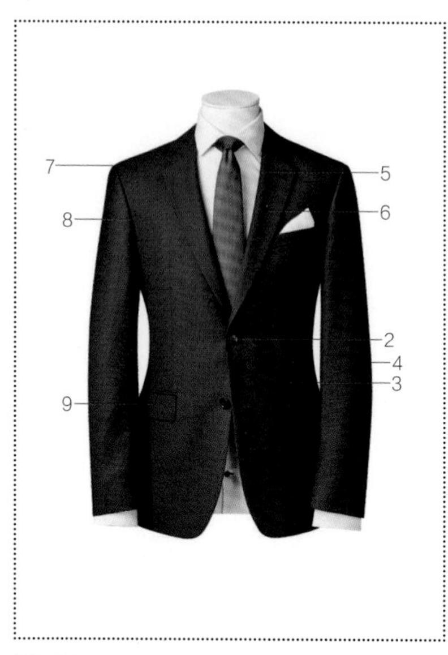

图5-57

1. 整体廓形

首先看整体廓形（服装的轮廓），特别是胸部、腰部线条是否足够好看，对于女装也是同样的道理。从胸部到腰部的弧线要足够流畅且恰到好处，“恰到好处”的意思是，现在大部分顾客都在网上购物，图片都是经过人工修饰的。有的女装图片把腰部修饰得特别狭长纤细，其实这种图片一看就不真实。顾客拿到实物才意识到那只是“照骗”而已。其实如果你懂得人体工程学，就知道绝大部分女性的腰线没有那么长，胸腰差也没那么大。所以看上去腰部很纤细的女装图并不一定是真实的衣服状况。不过恰到好处的胸部和腰部曲线确实可以起到对人体的修饰作用，让人从细微处感受到人体的曲线之美。

2. 服装第一粒纽扣的位置

西服的第一粒纽扣的位置可高可低。高低位置不同，翻领的高低也就随之改变，就服装的比例而言，给人的感觉自然也就不一样。这个没什么对错，看个人喜好。

3. 腰部分割线位置

无论是男装还是女装，大部分合体型的衣服都会涉及腰部分割线的位置。这条分割线的位置也很有讲究，同时分割线弧线的流畅度与弯曲度也很重要，既要好看，也要让人穿了舒适。分割线的尖点处，要平滑且有一定弧度（因为人体本身就具有弧度）。如果鼓出来就好像有一个包，那就是工艺处理不到位。

4. 袖子的廓形与弯曲度

袖子的廓形与弯曲度也是结构、线条与工艺好坏的一个重要代表。正常的袖子拍出来的照片一定是有弧度的，因为人的胳膊从正面看本身就呈弧线形。那些把袖子修得笔直的图片，你基本可以判断这些衣服的品质是难以保证的。

5. 翻领内部的弧线

接下来再看翻领内部的弧线。这里的弧线同样应该是流畅的。且这个部位从工艺上来说，线条应该是“活”的，不是烫压平整的。所以领部与大身面料这两层面料之间是有些空间的。

6. 领面

这里的领面，就结构线条而言，主要看宽度与长度的比例。这些比例与几个要素有关。首先与款式有关，有的款式设计的时候就是宽领面或者窄领面，这无所谓对错，主要看各自的审美与喜好；其次它也与流行趋势有关，某些时候流行宽领面，某些时候流行窄领面。在领面方面，就工艺角度而言，最重要的还是这里也是有弧线的，它应该形成一个与胸部弧面较为贴合的凹型弧面，因为这也是人体特征之一。

接下来的领边一样有细节。首先还是弧线的流畅度；其次，这个部位，好的西服都是手工缝制的。主要为了让领面保持一种“灵气”，机器缝制出来的线条比较呆板。如果大家不明白这个问题，可以自己用笔在纸上画一根线条，再用触控笔在平板电脑或手绘板上画一根线条，无论你是否擅长绘画，你都能体会到不同的手感，以及所画线条呈现的不一样的质感。这里的图片没有显示衣服的后背，其实后背处的领子，也是一样的道理。领边弧形要流畅好看，领面则是贴向颈部的美观的凹面弧形。

7. 袖肩

袖肩，指肩膀与袖子的交接处。品质上乘的西服应该都有些好像图片中肩缝隆起的样子。这隆起的量是为了给予肩部充足的活动空间，但这也是结构与工艺上比较难处理的环节。如果完全做成平的（很多西服有这个问题），穿起来活动时肩部大多会感觉不舒服；如果冗余量太大，虽然穿起来舒服，但是整件西服可能看上去就比较松垮、邋遢，缺乏精神气儿。

8. 袖笼弧度

袖笼，也就是袖子与前胸衣片接缝处隆起的弧线，这也决定了衣服穿着的舒适度。

9. 口袋

口袋这个部位，专业术语我们称之为“袋唇”。袋唇线条也应该是微微的弧线，且线条要流畅，线迹平整。质量差的西服这些细节部位通常都会出现线迹不平整的现象。口袋袋面和领面一样，应该是能够贴合人体腰部的弧面。

人体本身就有一定的弧度，所以好的衣服其实很少有真正的直线线条。对于合体的服装，大多应该贴合人体正常的生理曲线。

三、其他工艺细节

（一）色彩

注意同一件（套）衣服，是否有明显色差。

（二）缝线

缝线应该平整、流畅，同一处的针距尽量平等。关键缝合部位（比如裤裆）是双层加固缝线，才足够牢固。

（三）包装

很多人很容易忽略包装，其实包装也是一个区分服装品质高低的要点。特别是越高端的产品，在包装上会越讲究，有的甚至有自己的防伪标记。

服装方面的包装，也有国家标准。服装不像化妆品特别重视外包装（瓶子、包装盒等）。服装的包装主要体现在其吊牌、洗水标识的“规范性”“整洁性”与“环保性”（使用可回收材料）[1]。规范的吊牌上会包括：

1. 国标号型[2]

服装有“号型”一说。这是选购衣服为自己挑到合体衣服的重要依据。服装号型一般都是和品牌 logo 一起缝在衣领部或者腰部的。现在也有的是印在其他相关部位的。

按照国标：

① 号：指人体身高，以“厘米”为单位，是选购服装的长短依据。

② 型（围度）：胸腰差，作为肥瘦依据。有以下几种主要“型”：**Y 型胸腰差最大，在 19 cm ~ 24 cm 之间；A 型胸腰差在 14 cm ~ 18 cm 之间；B 型胸腰差在 9 cm ~ 13 cm 之间；C 型胸腰差在 4 cm ~ 8 cm 之间。**

例如：上装 160/84A，指“160 身高，84 厘米胸围，A 体型（胸腰差大）”。

2. “制造者的名称”

制造商（一般我们说“加工厂”）具体名字、地址与联络电话。进口产品需标注原产地。

销售商的名称是指在中国合法注册的代理商、销售商或者进口商。这些企业的名字不是随便印在上面的，在出现产品质量或者危机问题时，均需承担相应法律责任。

3. 纤维成分及含量

纤维必须符合专业名称规范，不是人们口语化的名称，且必须有百分比含量。比如写“涤棉混纺”明显是不符合国标的，应该是“60% 聚酯纤维 40% 棉”。“涤纶”是我们的俗称，“聚酯纤维”是专业术语。

4. 维护方法

针对服装一般指洗涤方法，这是标注在洗水标识上的。需要按国标规定的图形符号进行表述，并附加相应文字说明。

5. 执行的产品标准

所有产品都有自己相应的执行标准编号。

6. 安全类别

根据国标确定产品的类别。对于服装而言，婴儿服装标准最高，实施 A 类标准。一般成人服装实施 C 类标准。

---

1 国家标准化管理委员会官网：http://c.gb688.cn/bzgk/gb/showGb?type=online&hcno=E143935EB536F1260D189F833BA98302

2 http://c.gb688.cn/bzgk/gb/showGb?type=online&hcno=8197355898C94B494AF0D51953924 D9A

7. 使用和贮藏注意事项

产品使用与储藏注意事项。

小结

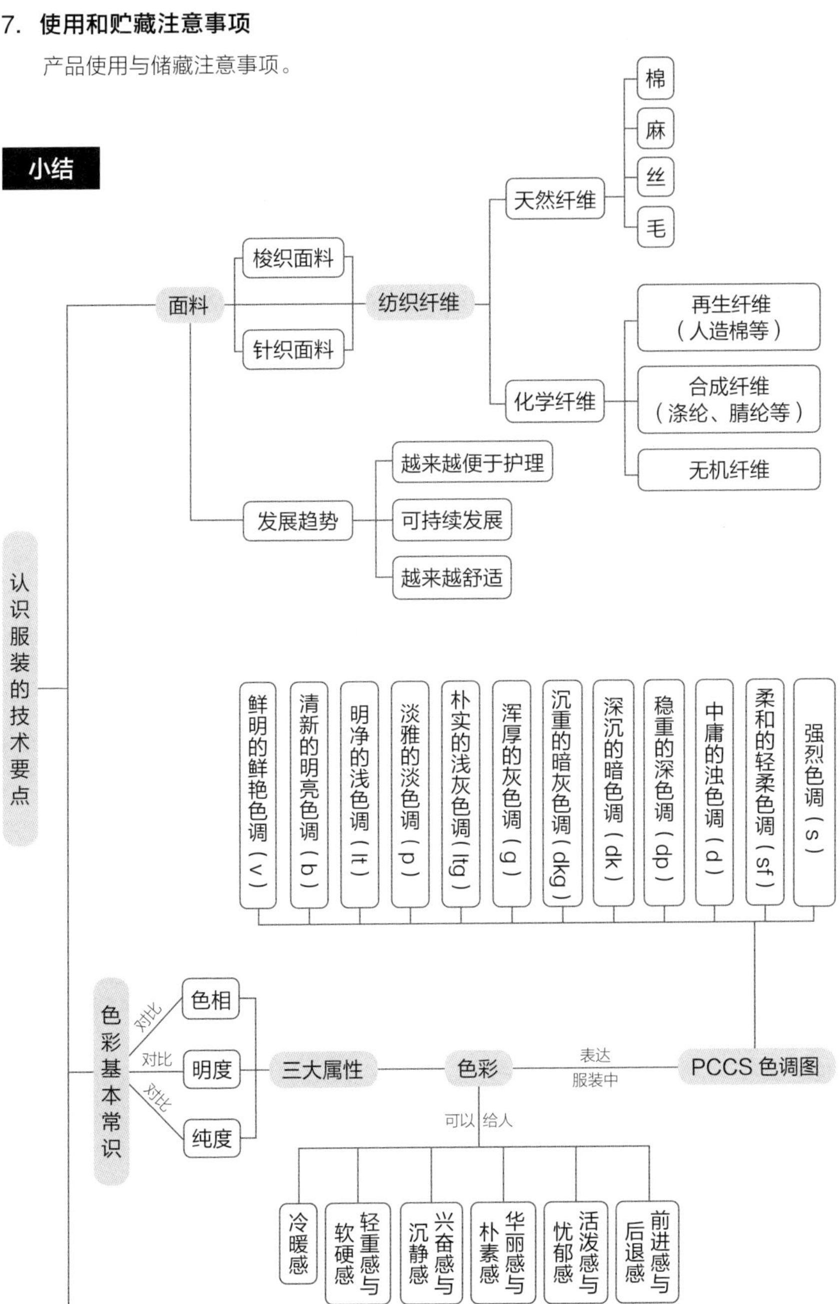

(接上表)

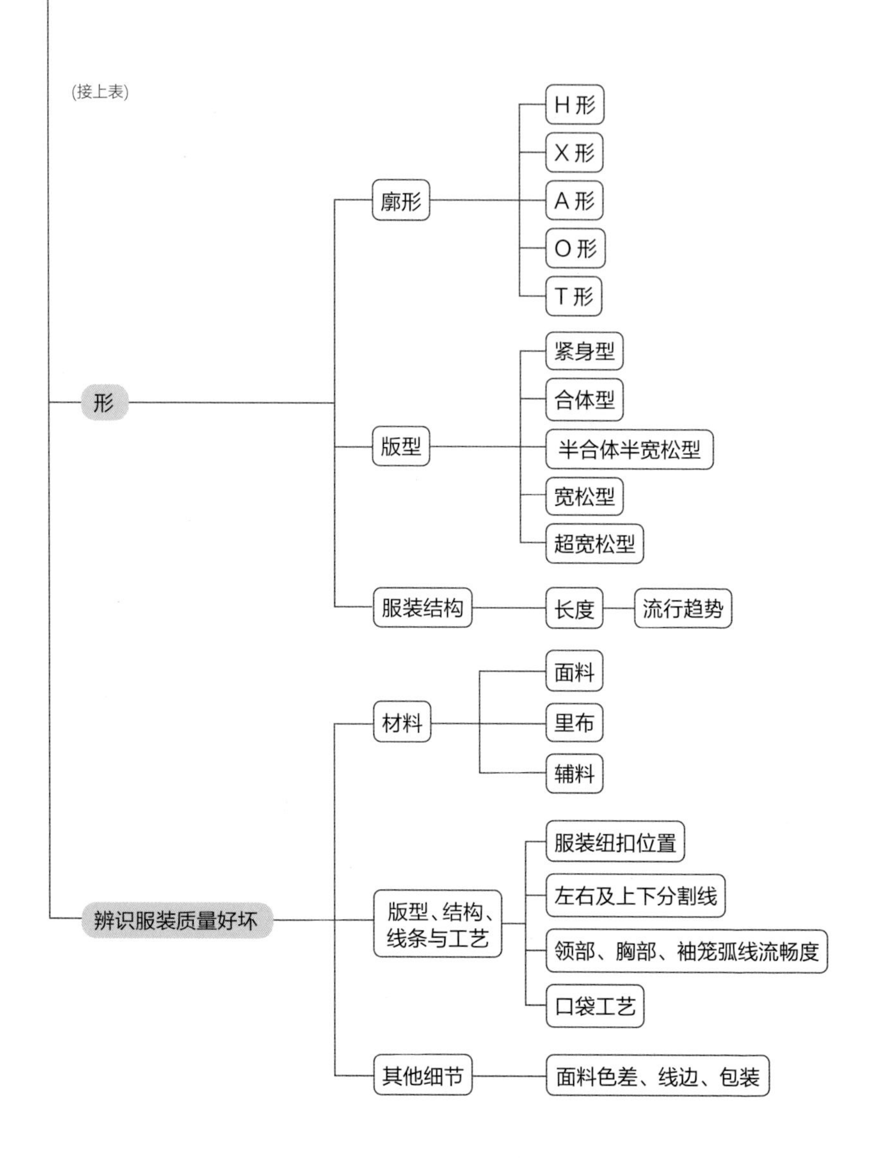

推荐阅读

末广德司，《着装的影响力》，杭州：浙江教育出版社（2020）。

日本色彩设计研究所，《配色手册》，南京：江苏凤凰科学技术出版社（2018）。

濮微，《服装面料与辅料（第 2 版）》，北京：中国纺织出版社（2015）。

第六章
如何让大家觉得你穿得很美

第一节　服饰是如何表达意义的

一、符号学原理

大多数情况下，作为一个社会人，我们穿衣服不是仅仅为了自我感受，更是为了获得他人的好感与尊重，与他人保持良好的人际关系——这也是我们常说的服饰的“社交”意义。在我自己曾经做过的市场调研中，无论男女老少，有一点认知几乎是每个人都认同的，即着装的社交意义很重要，因为它体现了自己是一个什么样的人以及自己与周围人的关系是什么样的。比如，得体的着装会“让别人觉得自己靠谱、值得信任，因此会带来更多合作机会”“可以让自己更加引人注意”“被人尊重”“不被人异样看待”，或者“让对方相信自己（和对方）是同类人”等。

所以，我们也可以说服饰本身和语言、图片一样，就是一种“符号”。符号学也是一门专业的学科，其应用领域非常广泛。因为万事（物）皆可是符号，比如口头语言、书面用语、摄影作品、广告图片、服装、家庭装修、电影、旅游胜地等，都可被视为符号，它们都在传达意义。

在符号学研究中已经有多位大师级人物，其中一位，也与我们今天要探讨的话题相关。他们为符号学研究提供了最基础的理论依据，也是我在这里要和大家探讨的服饰符号学的理论基础。

瑞士语言学家费尔迪南·德·索绪尔（Ferdinand de Saussure）将“单一符号(sign)”分为“意符或能指(signifier)”与“意指或所指(signified)”。在语言学中，前者指“语音（发音）”，后者指其所代表的含义。比如，中文“书（意符）”，我们通常会立刻想到由印满了文字的纸张组合在一起的一本书的形象（意指）。索绪尔同时指出“意符”与“意指”之间的关系是任意的。比如，中文的“书”，到了英文它就成了“book（不同的发音与表达形式）”，但它们约定俗成的含义，意指还是一样的，只是“书”正好和它所指的实物书匹配到了一起。但总体来说，两者之间并没有必然的关系。另外，即使有约定俗成的含义，人们对意符的解释，不同民族、文化与个体之间也是不同的。比如，虽然我前面说“书”，大家会想到“由印着文字的纸张组合在一起的一本书”，但对于有些人来说，可能第一时间会联想到电子书，而不是单纯的纸质图书。

从人们理解的角度而言，“符号”可以被分为三种类型。一种是约定俗成的理解，比如，交通符号、医院里使用的符号、电子产品使用的符号，很多是全球通用或者至少是全国通用；一种是在某个区域大家的约定俗成，这个区域，可能是某个地理地区（国家、城市、小镇、乡村等），也可能是某家公司（比如企业文化），或者某个小群体（家族）；一种则完全是个性化的理解，这种个性，可能与个人的认知、背景、当时的情绪，甚至两者之间的关系（穿着者与观察者之间的关系）相关。

同样的理论我们也可以应用到着装上。我们穿的实物服装，可以说是“意符”，至于我们身上这套衣服代表什么含义（意指），则根据具体的社会环境，及穿着者与周围解读者的不同而不同。有一些，是整个社会（比如我们国家主流人群）约定俗成的理解，比如，结婚穿红色，葬礼穿黑色或者披白色麻服。不过如大家所见，有些年轻人也正在打破这样的约定俗成，他们会选择黑色、粉色、绿色作为“婚纱”。再比如，你今天心情很好，于是你穿了一件红色的裙子上班，因为红色对你来说意味着快乐、幸福。

对我们来说，我们当然无法去包罗万象地分析每个个体如何解读一个人的穿着，我们在这里探讨的主要是以中国大众相对而言一种约定俗成的对服饰的理解。

二、服装是如何表达意义的

那么服饰是如何具体传达意义的呢？如果我们用索绪尔的理论来进行应用，索绪尔将语言分为“语言(langue)”与“言语(parole)”。“语言”，类似于一套语言规则，比如单词、语法、逻辑等。而“言语”，则是指“个人对语言的具体应用”。同样都说中文，同样描述一件事情，不同的人对语言的具体应用结果是不一样的。他们可能使用了不同的单词、不同的组合，但是他们都需要用自己的言语表达出一套让对方能理解的内容，这个理解，是基于“语言”。我们可以把同样的理论运用到服装上。单独一件衣服，是由衣服的不同要素，比如面料、色彩、廓形、版型等组成的。在这里，我们可以把面料、色彩、廓形等要素理解为“单词”。这些单词组合在一起，成为一个句子（一件衣服）。衣服与衣服组合在一起（服装搭配），又组合成不同的段落。它们最终构成一个整体符号向旁观者传达含义。

我们在“技术与应用篇”介绍的就是服装的语言部分。

三、中国大众所追求的服饰符号意义

根据此前的调研结果，中国男性与女性所追求的“符号感”可以被归为以下几大类：首先，无论男性还是女性，无论年龄，大家对美感的第一诉求是“简洁大气”与“舒适”。虽然大多数人都不喜欢过于复杂的产品，但这不代表他们没有个性的诉求。我们将在后面再详细理解“个性”与“简洁大气”是如何融为一体的。其次，关于大众所追求的具体的符号意义，可以被分为以下几类。

① 与年龄相关

男性希望“年轻”“充满活力”“有青春感”“有精神”“成熟”及“稳重”。

女性希望“显年轻”“显可爱”“（让我）看上去很乖巧”“（让我）看上去很活泼”。

② 与性别相关

男性希望（有）男人味、阳刚之气。

女性希望（有）女人味、淑女气质、温柔、清纯。

③ 与舒适度相关

让自己和他人感觉舒适、休闲、悠闲。

④ 与正式感、高级感相关，这方面主要以女性诉求为多

（让自己看上去）高贵、优雅、华丽、有高级感、有气质。

⑤ 与流行度相关

（衣服看上去）时尚、时髦、流行。

以上也就组成了我们接下来讨论的基本框架，即“年龄与性别”组成一组，“舒适或正式”与“流行或经典”组成一组，我们利用这两组维度划出四象限维度，来分别为大家分解这十六大符号系统。

第二节　大众是如何为着装构建意义的

互联网时代，大众如何通过图片来构建服饰意义

我的调研主要是通过让消费者解读他们所选的图片来完成的。虽然他们解读的是图片中的衣服，而不是真实的衣服，这并不妨碍我们了解普通人是如何为服装构建含义的。我们可以把图片中服装以外的因素视为人的穿着环境。

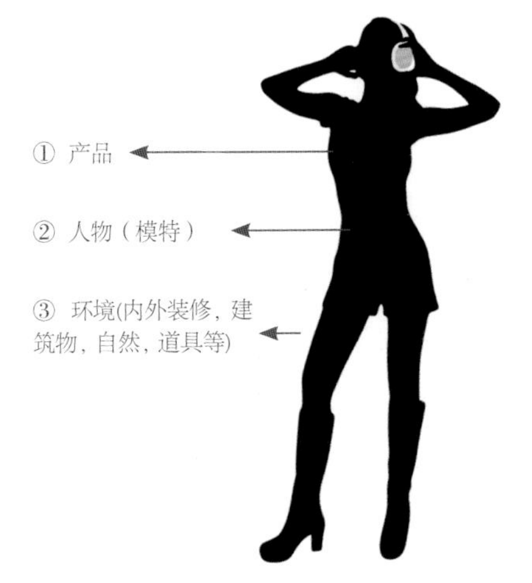

图6-1 消费者读图方式：快速获得第一印象

首先，大多数消费者会先快速“读”一幅图并获得总体印象，比如“好看”或者“美”，这也符合格式塔心理学理论[1]。他们的注意力随后会转移到具体的产品(比如服装、鞋子或者包包）上，接下来被注意的是模特（如果有）。最后，他们会注意到的是“环境”。图6-1演示了这种阅读顺序。

其次，在“阅读”产品图片时，观察者会给产品要素“编码”，比如“色彩”“领子”“口袋”等。图6-2代表了女性用户在“阅读”产品图时，一般会关注到的产品要素。①②③④等代表了关注人数的排序，比如“①”代表了最多数女性关注的是产品“细节”，其次是色彩、搭配、款式、模特身材、造型、模特是谁（人物）、面料、场景/裁剪/功能、配饰等。（“/”代表同样重要）

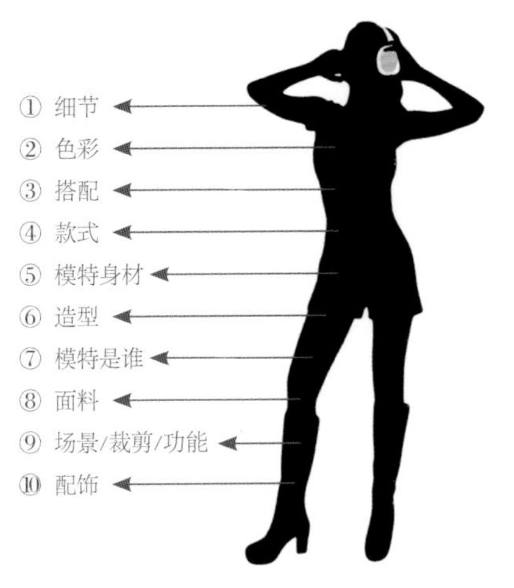

图6-2 消费者读图方式：关注细节

而男性消费者关注图片的主要要素依次为：色彩、细节、搭配、款式、场景/裁剪/功能、造型、配饰、模特身材、模特是谁、面料。

1　格式塔心理学是一种视觉上的心理学。人们在看到一组其实是被分离的元素时，会将它们看作一个有机整体。比如，三根彼此并不连接的线组成一个三角形，人们看到的是三角形，而不是三根线条。

相比较而言，男性最先关注的多为“色彩”，女性关注最多的则是“细节”。

最后，则是消费者“翻译”这些“编码”的意思。即使再普通的衣服，一个消费者也能赋予它们特别的含义，而这在一定程度上也可以解释为什么大众常常觉得设计师设计的衣服看不懂，原因是在消费者眼里的“设计感”与设计师的定义并不一样。设计师作为专业人士，见多识广，他们的“设计感”一定是足够特别的；而在设计师眼中的“普通设计”，在消费者眼中却充满内涵。比如消费者是这样“翻译”以下要素的：

① **黑色：代表低调、酷、容易搭配、简洁、神秘、稳重、成熟、帅气、魅力，所以，即使是一件最基本的黑色T恤，对一些消费者而言，也可能是“好看”的；**

② **西服：代表尊贵与优雅；**

③ **白色：代表简洁与优雅；**

④ **牛仔：代表大众、粗犷、休闲但又能干、青春、美国风格；**

⑤ **风衣：代表商务、知性；**

⑥ **蝴蝶结：代表甜蜜、公主、少女、可爱、精致；**

⑦ **刺绣：代表贵族、神秘、异域；**

⑧ **花边：代表青春、女性、优雅、温柔。**

……

当然这些解释是否具备普世性是需要另外再被验证的。但至少，我们可以借此探索服饰穿搭中，“意符”和“意指”也存在着一套大多数中国人约定俗成的“符号公式表”，即什么元素代表着什么含义。我们可以利用类似的这样一个公式表，来倒推如何去打造这个符号感。

比如，我们都知道“蝴蝶结”代表着少女的可爱感，那么当你想打造可爱的感觉，就可以利用蝴蝶结元素。“长发”或者“盘发”代表着“女人味”，“短发”代表着“干练”“男性化”，当你想表达“女人味”，你可以选择长发或者盘发造型。

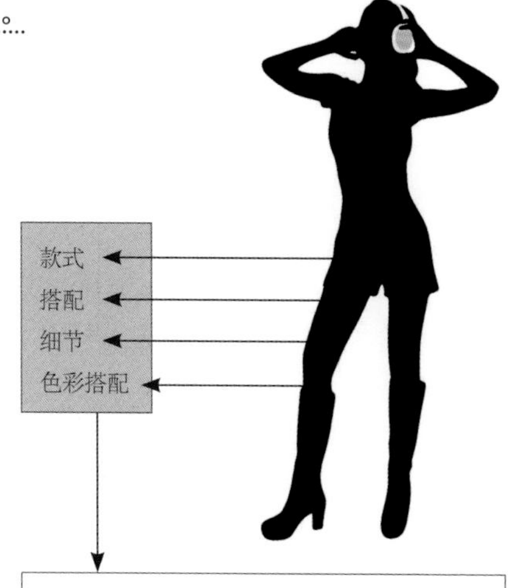

图6-3 消费者读图方式：“翻译”系统

第三节　如何为着装构建符号意义

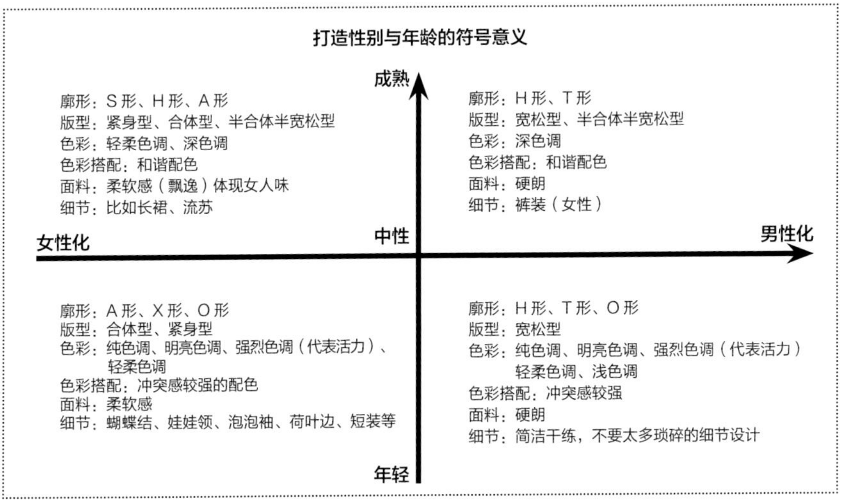

打造性别与年龄的符号意义

成熟

廓形：S 形、H 形、A 形
版型：紧身型、合体型、半合体半宽松型
色彩：轻柔色调、深色调
色彩搭配：和谐配色
面料：柔软感（飘逸）体现女人味
细节：比如长裙、流苏

廓形：H 形、T 形
版型：宽松型、半合体半宽松型
色彩：深色调
色彩搭配：和谐配色
面料：硬朗
细节：裤装（女性）

女性化　　中性　　男性化

廓形：A 形、X 形、O 形
版型：合体型、紧身型
色彩：纯色调、明亮色调、强烈色调（代表活力）、轻柔色调
色彩搭配：冲突感较强的配色
面料：柔软感
细节：蝴蝶结、娃娃领、泡泡袖、荷叶边、短装等

廓形：H 形、T 形、O 形
版型：宽松型
色彩：纯色调、明亮色调、强烈色调（代表活力）轻柔色调、浅色调
色彩搭配：冲突感较强
面料：硬朗
细节：简洁干练，不要太多琐碎的细节设计

年轻

图6-4

图 6-4 是人们着装最基本的符号要素，体现“性别”与“年龄”。需要澄清的是，这里的性别与年龄感不一定是人实际的生理性别与年龄，而更多的是指穿着者所想打造的社会角色意义。比如，一个二十几岁的人，可能想打造的是成熟感（看上去年长些）；一个中年女性，也可能想让自己更年轻些；一个女性可能想让自己看上去中性化或者男性化；一个男性可能希望自己有女性的阴柔之美。另外，其实一个人不一定只有某一种风格，特别是对于爱美的女性而言，在不同的场合彰显个人不同的风采魅力，也是完全可行的。

图 6-4 只是罗列了基本的要素，下面按照本章第一节最后所得出的结论，这节我们将分别解释这十六大符号（十六大符号系统由“女性化 / 男性化”“成熟 / 年轻”“正式 / 休闲”“经典 / 流行”分别组合而成）。

一、成熟女性

（一）正式场合、时髦流行

如果想打造一种成熟的女人味，适合正式场合，又让人觉得比较时髦，我们该怎么穿呢？这里的正式场合主要指职场，包括商务宴会、商务会议、商业论坛等。

① 既要显得有女人味，正式场合又能彰显出干练的职场精神，对于女性而言，最好的必备款式便是膝盖上下左右长度的裙子，如第113页图5-29和第115页图5-33所示。

② 正式场合中，比较主流的是H形廓形以及合体型版型。

③ 就色调而言，既要保持女人味，又要符合职场上的严谨、稳重感，最好的色调，除了百搭色黑、白、灰、棕、咖色等无彩色或者中性色调，就是较为柔和、明亮的色调，也就是PCCS色调图中的浅色调、淡色调与明亮色调。第113页图5-29和第115页图5-33都是比较柔和或者明亮色调的代表。

④ 对于正式场合，时尚的流行点则主要体现在整套服装的细微之处。比如第113页图5-29中的上装皮夹克与下装纱裙在面料上的硬与软的对比、透明与不透明感相融合的混搭风格，就是这几年主要流行元素之一；而第115页图5-33中，同一色相但不同明度与饱和度的职场裙装搭配一双休闲鞋，一样体现了当今的混搭风。

（二）休闲场合、时髦流行

本章节中的“休闲场合”主要指非商业场合，比如朋友聚会、生日舞会、户外旅游等。当场合转换至休闲场合后，可以尝试按以下原则打造相应的符号感。

① 既要显得有女人味，又有休闲感，最好的必备款式便是到脚踝长度的长裙，裙子的长度是一个区分职场与休闲场合重要的要素。通常来说，在职场中穿着的裙子，其裙长都不宜过长或过短。过长显得拖沓（过于休闲舒适），过短则又显得不够庄重。休闲的场合，裙长就可以相对随意了。偏长的裙子很飘逸，容易制造女人味。

② 休闲场合，要保留成熟的女人味，廓形除了万能的H形廓形，还可以尝试A形，如第125页图5-49中下摆宽大的A形裙就是不错的选择。因为要体现休闲感，所以衣服总体适合合体型与半合体半宽松型，太紧身的版型就很难营造出休闲感啦！

③ 就色调而言，休闲场合不受色彩限制，但要保持女人味，可以多采用PCCS色调图中偏柔和的色调，这点同正式场合差不多。可以挑选流行色中的柔和色调，既有女人味，又有流行细节。

④ 在休闲场合时，不妨大胆尝试些自己平时不敢尝试的流行色。

（三）正式场合、经典款式

“经典”是指经得起时间考验的作品。许多大师作品虽然是数十甚至百年前的，现在看依然给人带来美的享受。

① 如前所述，裙装是女性表达女人味的必备款式。

② 依然以万能的 H 形廓形 + 合体型版型为主。

③ 在色调方面，可以采用柔和色调（凸显女人味）或者深色调（体现成熟感），或者深浅色调相搭配，色彩搭配主要以和谐搭配为主。如第 119 页图 5-39、第 121 页图 5-41、第 123 页图 5-47 及图 6-5 至图 6-7 所示，大多是同一色相的不同明度和纯度搭配，和谐中有些许变化。

④ 如果是正式的商务宴会，图 6-7 中的搭配是一个很好的参考，这样的着装不仅体现了商务场合的严谨与稳重，面料的光泽还给宴会增添了几分高贵感。

⑤ 图 6-5 的"衬衫 + 铅笔裙"，图 6-7 的外套"西服配衬衫 + 合体型半身裙"可以说是女性职场着装中的经典搭配。

图6-5

图6-6

图6-7

（四）休闲场合、经典款式

① 如前所述，飘逸长裙很适合休闲场合以及特别想展现女人味的女性。在一些休闲舞会上，第 118 页图 5-38 中的这种抹胸式紧身连衣裙也很有成熟女人味。

② 廓形方面，H 形廓形搭配合体型或半合体半宽松型都可以。

③ 在色调方面，可以采用柔和色调（凸显女人味）或者深色调（显得成熟），色彩搭配以和谐为主（经典感）。第 118 页图 5-38 中的黄金色配黑色，就很适合成熟女性。这种颜色也衬托出高贵气质，很适合在舞会上穿着。

④ 飘逸的长裙、抹胸式礼服都是适合成熟女性休闲场合的经典款式。

二、年轻女性

（一）正式场合、时髦流行

① 相较于成熟女性，年轻女性想要体现年轻的特点，衣长与色彩是两个关键点。第五章介绍过，衣长越短，往往让人觉得越有活力，越干练，但正式职业场合不宜过短。

② 廓形依然以万能的 H 形廓形 + 合体型版型为主。

③ 在色调方面，可以采用深色调（凸显稳重）为主、高饱和度色彩作为点缀。在职场中，这样的搭配显得稳重又不乏活力；或者以全身高明度色调为主也可以（图 6-8）。色彩搭配则以和谐配色为主。职场中的年轻人都有一个普遍的问题，即着装过于沉稳，正式有余、活力不足，说得通俗些，就是显得很老气，缺乏年轻人应有的活力。其实这完全可以靠色彩搭配来解决。

图6-8

④ 在职场场合中，总体设计也应该以简约为主，不要有太多累赘的附加物。因此适合年轻人的一些设计细节比如蝴蝶结、娃娃领、泡泡袖等要素（图 6-9），更适合出现在休闲场合，而不是正式场合。这些都体现了年轻女性的可爱，但可爱的背后也含有不成熟的意思，因此并不适合职场。当然这些也并非绝对的，主要还是看服装最终的设计到底如何。

图6-9

（二）休闲场合、时髦流行

打造年轻女性在休闲场合的时髦流行感，总体而言的选择可以说不拘一格，尽量尝试一切可能的风格，直到找到最适合自己的。这里只需要注意几个细微的细节。

① 如果想保留些女人味，要以裙装为主。

② 即使不想尝试大面积高饱和度的色彩，也要以高饱和度或者高明度的色彩作为点缀色，让人看上去年轻阳光（图 6-10）。

③ 因为是休闲场合，尽量选择宽松型版型，会给人松弛的感觉。当然如果是休闲舞会，紧身的服装一样适合。

④ 年轻感还可以靠流行细节比如蝴蝶结、泡泡袖等元素来体现。

⑤ 非常建议尝试平时不敢尝试的冲突感配色法，也就是色相距离较远的一种搭配法（图 6-11）。

图6-10

图6-11

（三）正式场合、经典款式

大部分适合职场的女性经典着装都比较偏向成熟感，这当然也是场合的客观需求。因此，要找到适合职场女性的经典款式但又很显年轻的服装图片，着实花费了一番功夫。

① 相较于成熟女性的职场经典款，我建议体现“年轻”的要点可以在面料的选择上。比如大多数职业女性的着装可能是以丝绸、涤纶、全棉的梭织面料为主。大家不妨尝试下如第 116 页图 5-35 中的着装风格，它整体看上去很沉稳，这主要源于其黑、白、灰的色彩以及简洁的基本款式。不过它有两个细节值得参考：其一，图中短裙是针织面料（应该是棉或者涤棉）。我们大多数运动休闲款式的服装都是针织面料做的，针织面料本身显得既轻松又很有活力，但这里设计师使用针织面料做出一款长度适中的一步裙，在职场穿没有违和感。其二，其搭配也值得借鉴，这里并没有在外面搭配一件普通的西服，而是搭配了一件类似中长款式的风衣。

② 图 6-12 也很值得学习，就是这种经典的印花短裙，也很显年轻。图中模特拿了一只高饱和度色彩的包包，点亮了整体搭配。一些职场环境要求员工在办公场合不可以穿着露肩的服装，可以在裙子外面加一个简单外套。这个裙长也值得点赞，长度没有太短，既不会因暴露过多而显得不严肃，又凸显活力。

图6-12

（四）休闲场合、经典款式

① 终于又来到了可以让我们无拘无束穿衣的场合。除了我们前面说的长度“短”、色彩“明亮”，休闲场合保持年轻又有女人味的方法还有一点，即适当地暴露些肌肤（图 6-13），比如露肩袖（图 6-14）、超短裙等。

② 年轻但又经典的细节还包括：蝴蝶结、娃娃领、泡泡袖、荷叶边（图 6-15）、短装等。

图6-13

图6-14

图6-15

三、成熟的中性化、男性化风格

（一）正式场合、经典款式

① 对于女性体现中性感最好的方式就是裤装。

② 正式场合中裤装的经典搭配当然离不开西服，好在女性的西服无论是廓形、版型、面料还是结构比例，变化都很丰富（图 6-16）。

③ 图 6-17 中的这种开衫毛衣，属于正式与休闲的百搭款。

④ 经典款式一样可以通过细节体现自己的小个性。比如图 6-18 中搭配的一条印花围巾，可以说是点睛之笔，让原本整体比较普通的西服套装立刻亮眼起来；第 122 页图 5-43 中的蓝色衬衫是斜领，搭配黄色的皮鞋与绿色的包包，再以两个色彩鲜艳的配饰点亮全身，也是很好的案例。

⑤ 对于男士来说，除了正装西服，图 6-19 中的休闲西服与休闲裤搭配也是男士常见的搭配之一。

图6-16

图6-17

图6-18

图6-19

（二）正式场合、时髦流行

① 适合正式场合的裤装相对而言可以选择合体型的版型，让整体着装看上去比较有精气神儿，更适合正式场合。

② 流行元素一样以细小的元素来体现，比如第 118 页图 5-37 中的红色色彩（裤子）。中国人对于服装的色彩搭配总体偏保守，但将高饱和度的色彩穿在下半身就是可以尝试的一种折中的流行搭配。图 6-20 中的这套西服套装，其廓形加九分长度的西裤这几年一直都很流行，再加上厚跟鞋，组合在一起就很“潮”。它是很适合创意类公司的职场着装。即使出现在一般公司场合，只要公司文化不要太保守（比如金融机构等），也是没问题的。

图6-20

（三）休闲场合、时髦流行

偏中性化，又比较符合休闲和时髦特征，又能让我获得版权的图片比较难找，图6-21相对来说比较符合这个类别。上身是正式西装，下身是休闲装扮。既可以说是混搭风格，也可以说是居家办公视频会议流行后的结果。

图6-21

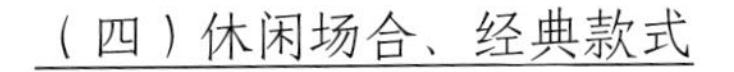

（四）休闲场合、经典款式

① 图6-22中“条纹（也可以是格纹）衬衫+T恤+休闲裤+板鞋”的搭配方式，可以说是多年来非常经典的中性化（男性化）休闲风格了。同时这种风格也可以说是各类场合中的百搭款了。出现在一般职场中也完全没有问题。而且这种搭配适合各个年龄，既能让年长的男性看上去很有活力，又能让年轻的男性看上去比较稳重。

图6-22

② 图6-23中的“毛衣+休闲九分收脚裤”的搭配方式也可以说是常年经典款式，而且男士也可以这样穿搭。这套服装搭配的亮点在围巾，一款高饱和度宝石蓝的围巾点亮了全身，也温暖了寒冷的季节。

图6-23

四、年轻的中性化 / 男性化风格

（一）正式场合、时髦流行

这一部分主要就是围绕着裤装及西服套装展开（图 6-24、图 6-25）。

图6-24

① 对于大多数不太喜欢夸张穿法的男士，流行点的体现就主要在搭配细节上。比如第 123 页图 5-45 中的配色就非常值得男性学习。粉绿的衬衫，带有一丝女性的温柔，给人以柔和之感，是体现当今男性服装搭配也趋向中性化的一种色彩；搭配相同明度与纯度的粉红色背带，以绿色的袜子作为点缀，让整体装扮充满了时髦感。这是一种可以让人看上去年轻的搭配。

② 因为图片版权的关系，我无法展示更多的图片，但是我非常建议大家也可以尝试新汉服（比较适合日常场合）裤装等，它大概率会为你赢得更高的回头率。

图6-25

（二）正式场合，经典款式

4 张图示可谓都是适合年轻风格的经典作品。

① 虽然前面我也说到，一般来说裤装更容易体现中性风格，但图 6-26 中整体的裙装搭配也会给人以中性感，这是其马尾辫与偏中性风格的皮靴造成的。所以体现服饰风格，除了服装这一元素，一个细小的搭配也可以转变风格。

② 图 6-27 中的搭配也可谓是适合各个年龄段的款式。把它归为年轻感，主要是因为两个穿法上的细节：一个是将衣服收进裤子，另一个是撸起袖子，二者都给人一种干练和活力之感。其实如果把衣服放在外面，袖子放下来，可能会带给人一种成熟感，同时也让人觉得很普通。所以穿法也会影响一个人整体的着装气质。

③ 第 127 页图 5-53 虽然是完全不同的穿搭，但一样体现了年轻、中性、正式又经典的风格。西服搭配中裤，出现在公司等场合并不违和。西服本身就是经典款式的服装，但是其“红色配色 + 七分长度的裤装”搭配，体现出活力青春之感。高跟短靴则给整体搭配又增添了几分时髦感，它比一般高跟鞋多了几分硬朗，但又比球鞋多了几分正式感。

④ 第 123 页图 5-46 很适合一般男性。这套衣服设计本身没有太多独特之处，年轻感主要来自衬衫的配色及与鞋子配色的呼应，这个细节是整套搭配的点睛之笔。

图6-26

图6-27

（三）休闲场合、时髦流行

对于一个追逐时髦的年轻人，又是休闲场合，还有什么是你不敢尝试的呢？所以建议大家尝试自己平时不敢尝试的一切风格、色彩与图案。现在大多数的潮牌风格、国风风格或者你平时想尝试但不敢尝试的风格，都可以尽情去尝试（图 6-28、图 6-29）。

图6-28

图6-29

（四）休闲场合、经典款式

这一风格是适合年轻人在休闲场合的经典款式，可选择的搭配也很多。无论是条纹、格子还是纯色衬衫，以及牛仔裤、卫衣等单品，大概率也是我们读者衣橱里最多的一类衣服了（图 6-30 至图 6-36）。

图6-30

图6-31

图6-32

图6-33

图6-34

图6-35

图6-36

小结

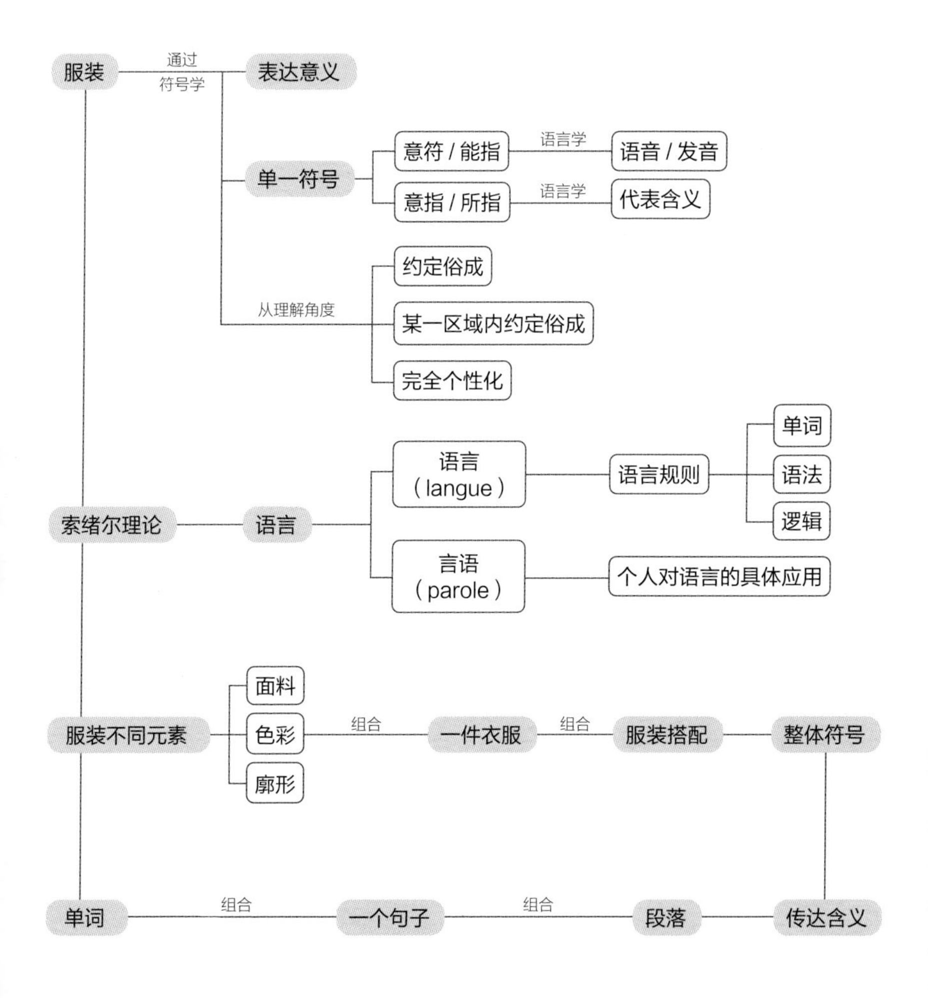

服装
通过
符号学
表达意义
单一符号
意符 / 能指
语言学
语音 / 发音
意指 / 所指
语言学
代表含义
从理解角度
约定俗成
某一区域内约定俗成
完全个性化
索绪尔理论
语言
语言
（langue）
语言规则
单词
语法
逻辑
言语
（parole）
个人对语言的具体应用
服装不同元素
面料
色彩
廓形
组合
一件衣服
组合
服装搭配
整体符号
单词
组合
一个句子
组合
段落
传达含义

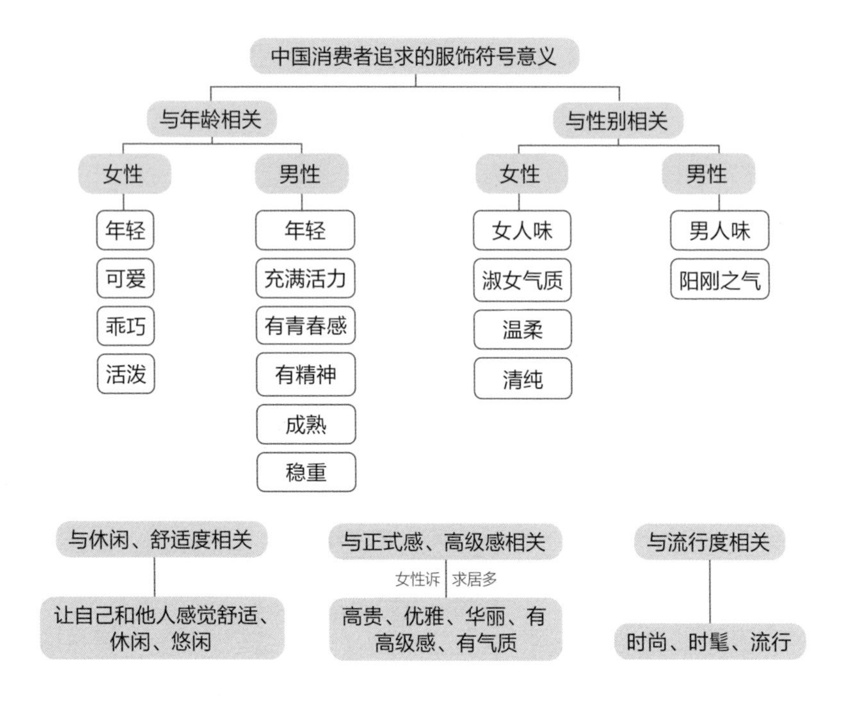

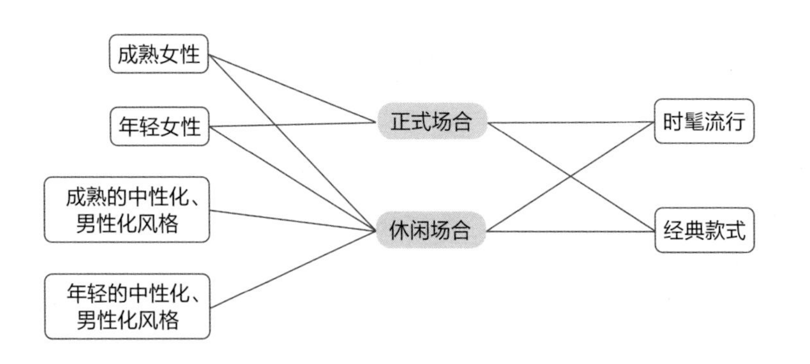

推荐阅读

罗兰·巴特，《流行体系》，上海：上海人民出版社（2016）。

第七章 合理的时尚消费

第一节 认识我们的消费行为

一、关于消费主义

（一）消费主义的起源[1]

这里我们有必要先定义一下“消费”这个词的含义。当我们定义“消费者”的时候，我们说的是那些购买以及使用某种产品或者服务的人。但“消费”这个词的诞生，比“购买”与“使用”两个词还是要晚许多。从货币诞生的时刻，人类就有了“购买”的行为，但这并不等同于我们这里所指的“消费主义”。“消费主义”是指人们购买生活必需品以外的一种消费行为，以“享乐（受）”为主要目的。而今天我们消费的绝大多数是必需品以外的产品或者服务。比如人必须吃粮食，粮食的购买就是必需的购买；但是，去五星级餐厅吃一顿美食，就属于“消费主义（文化）”。再比如，今天我们买衣服，绝大多数不是因为衣服穿破了，或者衣服不够保暖而去买衣服，今天我们买的是“时髦”“品牌”，这些都属于“消费主义（文化）”的一部分。

消费主义诞生于十八至十九世纪的英国，发展于第二次世界大战之后。消费文化诞生于英国，与工业革命相关。众所周知，工业革命诞生于英国，而消费主义（文化）的诞生同样与工业革命相关。

1. 工业革命扩大了生产供应数量

工业革命下，机器的发明和生产技术的发展，大大提高了生产效率，这使得产品供应规模增大。就拿服装来说，在工业革命前，主要依赖人工纺纱、织布，因此面料的供应是极其有限的，这就导致服装在当时是稀缺的必需品。因此，除了皇室贵族，一般家庭每个人一生也只有几套适合日常不同需要的服装。而纺织机器的诞生，提高了生产效率，面料不再稀缺，服装供应逐渐加大，这使得更大量的消费成为可能。

---

1 Mathias, Peter (2013), *The First Industrial Nation: The Economic History of Britain 1700—1914*（3rd edition）, New York and London: Routledge;

Perrot, Philippe (1994), *Fashioning the Bourgeoisie: A History of Clothing in the Nineteenth Century*, Princeton: Princeton University Press;

Breward, Christopher (1999), *The Hidden Consumer: Masculinities, Fashion and City Life 1860—1914 (Studies in Design)*, Manchester: Manchester University Press;

Shannon, Brent (2006), *The Cut of His Coat: Men, Dress, and Consumer Culture in Britain*, 1860—1914, Athens: Ohio University Press.

2. 劳动分工导致了社会阶层分化，特别是中产阶级的诞生

随着工业革命的发展，社会劳动进一步分工，诞生了银行、律师这些未来可以成为中产阶层的主力军。以前（过度的）消费只存在于封建贵族皇室和后来诞生的资本家，而中产阶级的诞生则扩充了能有钱也有一定时间来消费的主力军。

3. 闲暇时间的诞生

人们只有有闲暇的时间才有可能去消费。工业革命之初，工人的工作时间几乎是一周 7 天，每天需要工作 14～16 小时。随着工厂的发展，企业管理制度的完善，以及工人们对自己权利的争取，工人的工作时间逐步被调整到更规范的模式。工人有了“周末”或者“调休”的概念，劳动时间与休闲时间开始有所区分。休闲时间人们便可以外出逛街购物。

4. 资本的发展：资本、百货商场、媒体营销

消费文化的迅猛发展，本质上还是因为资本主义的发展，以及资本逐利的结果。资本为了追求利益，需要人们不断重复购买一些他们根本不需要的物品或者服务。这其中，服装就是一个经典案例。客观地说，一人一年四季需要多少件衣服呢？屈指可数。但是资本通过一系列的营销手段（比如流行趋势，比如制造梦幻与欲望）让消费者不断消费，以至于“消费文化”最终成为一种“主义”。今天的“消费主义”已被广泛认为是一个贬义词，指让消费者过度消费他们原本不需要的东西或者服务。这些消费同时也制造了很多社会问题， 比如浪费以及环境污染问题。当然，这样的批判一定意义上也带有马克思主义视角。值得注意的是，我们并不该认为“消费主义（文化）”就是绝对错误的，或者因为拒绝“消费主义”而拒绝“消费”。有的人现在提倡极简生活，甚至零消费。这些站在个人角度，都是个人选择的自由。但是从社会层面来说，我们不能绝对地认为消费是坏事。如果大家都降低消费甚至不消费，它必定会让整个社会的经济发展陷入困境，因为消费是经济发展的基石之一。一旦社会层面的经济陷入困境，那它对我们整个社会的伤害则是更加巨大的。

5. 消费逐步成为一种生活方式

今天的消费一定意义上已经成为一种生活方式。消费过程本身是一种享受生活的过程，也是一种社交的过程。这种有着健康意义的消费还是非常值得提倡的。我们需要反对的是过度浪费式的消费，而不是消费本身。

（二）消费形式

今天的消费形式非常多样化，除了花钱购买、使用某种产品或者服务，人们也可以通过租赁、订阅、交换等方式来享受某种产品或者服务。租赁服装，指个人或者企业可以从专门的网站或者 APP 上以租赁的方式租借衣服一段时间后再归还。这类比较适合一些需要非日常穿着的场合，比如婚礼、宴会等。

服装的“订阅式”消费模式最早则来自美国的 Stitch Fix 公司。这家公司关注到许多职场人士经常忙得没时间逛街（包括逛网站），但他们又需要穿着得体且高品质的衣服，因此这家公司会根据顾客的个人背景（身形、肤色、职业、出席场合、个人喜好等）来给顾客提供个性化的定制服务，提供多套服装搭配方案，并以包装箱的形式每个月将这些衣服实物寄给顾客。顾客只需要从这些产品中挑出他们需要的，剩下的再寄回给商家。顾客除了需要支付他们确定要购买的衣服的费用，还需要支付类似订阅报纸那样的订阅年费，这也是大多数人能够接受的价格。

中国也有企业参考了这一商业模式，比如江南布衣也为其顾客提供这样的服务。但差异在于，Stitch Fix 本身是一个平台公司，他们可以聚合诸多品牌的服装来为顾客提供服务，而江南布衣只能提供自有品牌的服装。

二手衣物交换也是当下在一些大都市流行的一种消费模式。特别是对于女性来说，许多衣服买回来只穿过一两次，有的甚至没有穿过，可以去二手衣物交易市场与他人进行置换。二手闲置交易平台“闲鱼”也是可以考虑的渠道。现在也还有卖二手衣物的实体店铺。

二、时尚消费的特别之处

相对于其他商品的消费，时尚消费有其特别之处。

（一）享乐型消费

相比于其他一些商品，比如电子产品、医疗健康消费等，时尚的消费更像旅游业，属于“享乐型”消费（相对于“功能性”消费）。享乐型消费则意味着这类消费情感（情绪）价值驱动为主，也就是非理性为主。这也是为什么，服饰的消费量虽然巨大，但是也是当今最难卖的产品之一。

（二）生活中最能体现符号意义

这点我们前面已经阐述很多，这里不再赘述。

（三）时尚是流行，稍纵即逝

时尚即流行，而流行稍纵即逝。每年，人们特别是女性会花钱不断购买服饰，无非也多是为了追求潮流。那么“流行是如何成为流行的”“流行到底是人为推动的，还是自然产生的呢”，这是很多人关心的问题。普通消费者关注当下的时尚流行原理，也就是它们背后的故事，会更好地理解这些流行要素到底是怎么来的。

1. 首先，我们先来看看影响时尚流行趋势的主要因素

（1）外部环境因素

① 政治

可能大多数人都不太理解政治与时尚有什么关系。事实上，时尚是政治的一面镜子。2006年普利策奖（Pulitzer Prize）获奖人之一,《华盛顿邮报》时尚编辑及评论人罗宾·纪樊（Robin Givhan）正是因为写了一系列关于时尚与政治的深刻评论获得此奖。她多次通过点评美国政治家们的穿着来诠释他们所代表的政治理念、自己的性别地位（特别是女性地位），以及他们想通过穿着表达的自己对某件事情的态度。而几乎各国的第一夫人或者皇室成员，都多少对当地的时尚产生过影响。 比如美国的前第一夫人杰奎琳 · 肯尼迪 (Jacqueline Kennedy)、米歇尔 · 奥巴马（Michelle Obama）及英国的剑桥公爵夫人凯瑟琳殿下（凯特 · 米德尔顿，Kate Middleton）。

政治对时尚的影响除了体现在政治人物的个人影响力上，还常常体现在民族主义的复兴上。政治人物常常在国家经济需要支持时，以“爱国”的名义，号召民众尽可能购买本国创造（制造）的商品。比如特朗普上台后，就要求美国企业将更多业务迁回美国，鼓励美国民众使用“美国制造”的产品。对于美国本土的服装企业及设计师，这种政治号召毫无疑问是有益的。

今天我们国内流行的中国风一定程度上也与国家政策的引领有关系。

② 经济

经济实力决定了消费能力，而没有消费就不可能有时尚。经济的好坏同样会影响时尚的流行。比如经济发展水平较高时，人们的购物欲望更强烈，更愿意花费时间在穿衣打扮上，所以可能会流行奢华风；而当经济处于衰退期，可能人们更倾向于简朴的穿着方式。

③ 文化思潮

文化思潮对时尚圈也有着不可忽视的影响力。比如美学思想的发展，近几年极简主义和女权主义的兴起就能说明这个问题。极简主义始于第二次世界大战后，在二十世纪六十至七十年代流行过。近几年，随着经济条件的改善，更多人开始对自己的生活方式进行反省。比如，家里填满了东西，但其实大多数平时都是被闲置在那里的，特别是衣服，买的时候都很激动，但可能很多被放进衣柜一次也没穿过。极简的生活方式旨在减少浪费，只买真正所需的用品。这种极简主义也影响了服装设计，极简风格成了一度流行的风格。一些做极简风格的品牌也获得了更多的市场份额。

④ 科技

科技对时尚的影响几乎是颠覆性的（其实何止是时尚）。在服装领域，科技这几年几乎渗透了从设计到制造，再到终端消费的所有环节。比如智能穿戴设备，以及通过 3D 打印出来的由荷兰设计师艾丽斯 · 凡 · 赫本（Iris Van Herpen）设计的服装就是例子。

（2）个体因素

几乎每一个时代都有具有非凡影响力的人物。这些时代人物常常扮演了时代流行风向标的角色。早期这样的人物可能是某一政治领袖，某一著名的社会人士等。例如二十世纪六十年代美国总统肯尼迪的夫人杰奎琳女士，二十世纪九十年代的戴安娜王妃也同样是当时欧美时尚界的偶像级人物，美国超级巨星麦当娜更是引领潮流舞台多年，这些人都引领了甚至是创造了一个时代的流行。今天，因为社交媒体的发达，这些引领潮流的人物，除了少数的社会公众人物，大多数是网红、博主、KOL(Key Opinion Leader，关键意见领袖）等。

（3）产业因素

服装行业的产业链主要包括纤维供应商、纱线供应商、面料供应商、服装品牌公司、服装加工厂及服装经销商。作为最前端的原材料供应商，纤维供应商对流行趋势的研究是最长远的。当然消费者看不到这些因素。

（4）消费者个人因素

消费者的人口结构变化及消费习惯变化会直接影响流行趋势。比如，这几年在时尚产品消费上，有以下几个明显改变。

① 运动时尚化、时尚运动化

以前很少有人会认为运动与时尚相关，但是现在运动服装的设计不再仅仅讲究功能性，也非常关注流行趋势。而时尚的设计风格也趋向于更加动感与街头。一个很明显的现象是，近几年除非一些特别的场合，大多数人不再西装革履地去上班，而是喜欢穿休闲舒适类的服装，这也是时尚趋向于运动化的表现。

② 性别模糊化

在传统观念里，刚强英勇的都应该是男人。但是差不多从 2005 年选秀出身的李宇春开始，有相当一部分女生开始追求“中性风”；男性的着装也趋近于女性化，所以现在也会看到男性穿粉色系色彩的衣服。中性装这几年也比较流行。

③ 混搭风

也正是年轻人带动了各类混搭风的流行。在传统时代，搭配有许多原则。但是，如今这些原则正被一一打破。比如：

品牌混搭

原本奢侈品只会用来搭配奢侈品，可是今天如果你穿Tom Ford的小外套里面配条Zara连衣裙，也没有人会因此笑话你。

风格混搭

原本运动装、休闲装就是搭配牛仔裤、休闲裤的，但是今天，你可以在连衣裙外面套件卫衣。这不是“土”，而是“酷”与“in”。

季节混搭

原本春夏的服装就只能在春夏穿。今天你在春夏穿的连衣裙外面套一身棉袄一样会被认为很时尚。

2. 流行趋势预测方法

流行趋势预测机构正是围绕着以上影响流行趋势的因素，通过大量的各方面调研（专业展会、艺术文化类主题活动、访问各行业专业人士或机构、街拍、消费者调研等），比较历史潮流预测与实际潮流的共同性与差异性，分析引起历史潮流变化的主要因素，分析潮流生命周期并按周期图分析潮流目前所处阶段及尚余生命周期，利用专业的预测技术与工具进行流行趋势预测等一系列专业方法来跟踪并预测未来的流行趋势。

但是这并不意味着某一时尚元素的流行就是自然而然的结果。通俗地来讲，某一时尚元素的流行既是自然发展的结果，也是人为推动的结果。通常，流行趋势预测机构会通过调研发现一些正处于萌芽状态的元素。这些处于萌芽状态的元素初期可能只是在某些小圈子流行。流行趋势预测机构正是通过邀请各个小圈子（比如独立电影、地下音乐、小众艺术、建筑设计师、小众文学等）的意见领袖，通过对他们的访问，来找到有潜力成为流行的共性元素。

流行趋势预测机构也会与各个细分领域的领导性品牌（比如奢侈品公司）一起合作研讨。随后他们才会发表流行趋势预测报告。而品牌公司则会通过一系列的营销策划（比如找到明星、网红，某一领域有影响力的人物）来推动某一元素的流行。

而时装周，正是推动这些流行元素发展的最重要平台。每年时装周，专业人士总能从 T 台上各大品牌公司推出的产品中观察并总结出他们在设计上的共性——而这些设计共性，普通人在通过指导后也可以自己观察到。

所以普通人怎样从 T 台上的服装来观察流行元素呢？其实很简单，就是通过观察服装在接下来提到的几个方面的细节，找到它们在各大品牌的共性，就可以观察到流行趋势。

3. 流行趋势预测内容

① 本季流行的整体视觉概念是什么？

比如，历史感、民族感、时代感、运动感、前卫感。这两年，民族感、运动感及前卫感一直都很流行。

② 本季流行的色彩是什么？

比如，这两年流行饱和度较高的色彩，它们能带动人们低沉的情绪。

③ 本季流行的面料是什么？流行的面料特色是什么？

④ 本季整体潮流定位是什么？

比如减法主义或加法主义，女性风格或者中性风格，性感风格，奢华风格等。但近几年，潮流风格越来越趋向于多元化。

⑤ 服装整体流行的结构设计比例关系是什么？

衣长长度是及至胸部、腰部、髋部，还是臀部或者更长？裤长或裙长的长度是过臀、大腿、膝盖、膝下、小腿肚、脚踝或者及地？服装重要比例线还包括腰线位置的变化，如低腰、高腰或者中腰线设计。

⑥ 款式总体流行的廓形是什么形状？

比如这几年一直较为流行的超大廓形 (oversize)。

⑦ 流行的细节设计点有哪些？

特别是在领部、口袋、腰部、袖口、肩部的细节处理。

⑧ 流行的工艺有哪些？

绣珠、绣花、贴布绣、蕾丝镶边、印花等一直都是重要的流行工艺，而近几年特别流行的工艺元素则有流苏与绑带。

（四）时尚消费的浪费

如前所述，时尚消费也是一个巨大的浪费品类。这点我们将在第九章更多阐述。

（五）其他因素对时尚消费的影响

据凯度咨询的调研[1]，近几年，随着社会整体发展，消费者的“环境观”与“健康观”大大加强，“特别是在中国一线城市的消费者中，有高达 72% 的受访者表示愿意花更多钱购买对环境有益的产品。”也因此，借着这个机会，希望更多的商家愿意在可持续发展方面投入更多的财力与人力，研发出对消费者、环境、社会发展有长期价值的真正的好产品，而不再是以拼价格、拼谁抄款抄得快为主的商业模式。

另外一个明显的趋势是随着居家办公的流行，更多人会将办公服与居家服混搭，比如上衣穿衬衫，下面搭配睡裤。近几年，国内经济下行压力增大，客观上让消费不能再像以往那样随心所欲，而是需要更多理性的思考。经济下滑让更多的人经历了人生低谷，思考人生的意义，因此会购买简单、百搭、实用、高性价比的商品。

1　凯度咨询（2020）中国消费者的价值观变化。

第二节　时尚消费从衣橱规划开始

坦率说，我本人是没有定期整理（收纳）衣橱的习惯的。但当初为了做给三联中读读者的课程，我想我不能只动嘴不动手，便去梳理了下自己的衣橱，结果发现了自己衣橱中的很多问题。比如，梳理后我才发现，原来我的购买行为是有倾向性的。比如我衣橱里有很多针织开衫，说明我很喜欢这样轻松容易上身的款式；再比如，我发现我的衣橱里除了“黑白灰”，最多的颜色是红色和蓝色；再比如，我的夏装几乎都是牛仔裤与连衣裙，几乎没有半身裙；还有一个发现，我想也是大多数女性都会面临的衣橱“困境”，就是有许多买过却没有穿过几次甚至从来也没穿过的衣服。很明显，我的“衣橱系列”里虽然有很多衣服，但也并非一个完整的系列，这也就导致了我的穿着其实很单调，而我自己在整理衣橱前却并没有意识到这点。

未经规划的衣橱，除限制了个人穿着风格，也会造成浪费。比如，重复购买的衣物，买了不穿的衣服等。所以我就做了表 6-1。

表 6-1

类型	款式			
内衣	普通	高端	塑身	
T 恤	不同的领型（圆领、鸡心领、polo 领等）	长短袖的组合	条纹 T 恤	印花 T 恤
牛仔裤	直筒型	喇叭型	窄脚裤	阔腿裤
西服	合体型	宽松型		
衬衫	配西服衬衫	花式衬衫	套头衬衫	
裤装	过臀短裤	牙买加短裤	百慕大短裤	卡普里裤
连衣裙	直筒形	X 形廓形	不同长度的裙子	不同印花的裙子
半身裙	直筒裙	铅笔裙	A 字裙	
大衣	长大衣	短大衣		
羽绒服	长羽绒服	短羽绒服		
毛衣	针织开衫	套头毛衣		
腰带	若干			
围巾	若干			
饰品	若干			
鞋子	高跟鞋	运动休闲鞋	靴子	雨靴
袜子	长短袜	丝袜		

这个表格非常简单。它列举了一般一个女士日常服装需要用到的类别，比如内衣、T恤、牛仔裤、西服、衬衫等；还有就是女生经常佩戴的配饰，包括腰带、围巾、珠宝、饰品、鞋袜等。表中列举了每个品类里应该有哪些必备款式与常用款式。这里运用的其实是数学里的“排列组合”概念，也就是尽量用最少的款式搭配出尽可能丰富的效果。

一、内衣

普通的内衣不再细述，大家肯定都有，只是内衣色彩可以再丰富些，主要是为了配合不同色彩的外衣。穿着内衣除了让自己感到舒适，很重要的一点是不要在浅色系的外衣下搭配深色调的内衣，这很容易造成若隐若现的效果（除非你确实有这个目的）。职场上要尤其注意这个细节。高端内衣主要是配礼服或者婚纱穿的。高端内衣一般是束胸连体胸衣，当然也有些礼服本身自带文胸。

这里也顺便和大家探讨下女性穿戴文胸权利的问题——女性有不穿戴文胸的权利吗？这点当然主要针对夏装来说的。冬天衣服穿得厚，你不穿大概率外面人也看不到。但是夏天，若不穿文胸，就会露点。我会提到这个问题，源于我 20 年前去英国留学的经历，以及近期也有女性朋友和我探讨这个问题。

我在英国留学的时候，有一次上课，我发现一个英国女生穿了一件露点 T 恤，很明显她没有戴文胸。对于当时的我，可以说用“震惊”来描述我的心情。以我当时所接受的教育来说，我觉得这个是难以接受的事实——女性怎么可能不戴文胸呢？但我也不太好意思直接问。不过总有比我更好奇的人，另一个亚洲同学，倒落落大方地在下课的时候问她为什么她不戴文胸？这个英国女生说：“我为什么该戴文胸？男人可以露点，为什么我不可以露？”

这句话从逻辑上来说好像也没什么毛病！从此以后，我好像也接受了女性可以不戴文胸的理念。只是我自己还不敢如此明确地露点。不过，回国后我也问过一些关系好的男性朋友，我问他们怎么看男性穿紧身 T 恤露点的问题。他们大部分人说其实他们自己是不好意思露点的，所以他们并不会穿过于紧身的 T 恤……看来人类的害羞还是有共性的。而有一次朋友搞时尚沙龙活动，其中一位年近 60 岁的女性没有戴文胸。她自觉年纪大了以后，戴文胸会感到呼吸不顺畅，所以干脆不戴，因此即使夏天，她也常常在外面披件外套（还好处处有空调）。

这里可以再引出另外一个营销故事，就是知名的内衣品牌维密曾经邀请周冬雨拍广告。网络评论中有许多质疑声，原因无非是周冬雨的形象与维密一贯的前凸后翘的“性感”形象不符。毫无疑问，这也是维密重新定义“性感”，以及女性对内衣的定义——内衣不再是取悦男性的工具，而是让女性自我感觉舒适的衣物。所以，究竟要不要穿内衣，取决于自己！

二、T 恤

T 恤应该是大多数人衣橱里最多的一类衣服。它的应用场景太广泛了：居家、逛商场、聚会、旅游、运动……苹果的乔布斯和脸书的扎克伯格一年四季穿的都是黑色或者灰色的同一款 T 恤。但这不代表我们衣橱里也只能有一款 T 恤，T 恤的样式也可以是丰富多彩的。

首先在领型与袖子长短上可以有一些基本变化。最基础的圆领、V 领、一字领、POLO 领，是我认为的男女都可以选择的四款基本领型，用来搭配不同风格及领型的外套或者单穿，在袖子的长短上也有多种选择。T 恤的另外一个要素当然是色彩与图案。图案完全取决于个人喜好，色彩方面，则建议尽可能丰富。因为大部分人大概率不会接受色彩鲜艳的羽绒服、外套或者西服，而 T 恤多买些不同颜色的，搭配外边的深色调外套或者衬衫，即使外衣不换，只是更换里面的 T 恤，也会让人觉得有变化，而且高饱和度的色彩显现出来，也能彰显一定程度的活力。

三、牛仔裤

牛仔裤的选择组合重点是洗水效果与廓形。牛仔裤有以下常见的廓形，即喇叭裤、窄脚裤、直筒裤，长度上常穿的还有超短裤、七分裤、九分裤等。洗水效果与色彩则非常丰富了，这些可以按照个人喜好选择不同色彩与洗水效果的牛仔裤。我个人建议无论男性还是女性，都选择一些非蓝色系的牛仔裤，比如黑色、灰色，这些裤子看上去“牛仔感”少些，也就是“休闲感”少些，在一般正式场合上穿也不会被认为太休闲。

这里也顺便给大家介绍一个“养牛”的概念。有一种牛仔叫“原始牛仔”，就是没有经过水洗处理的牛仔裤，保留了牛仔裤的原色。牛仔裤热爱者（收藏者）会买下这种原色牛仔裤，靠日常穿着和洗涤，让牛仔逐步呈现出极具个性化的洗水与色彩效果。这个过程就被称为“养牛（仔）”。“养牛”爱好者可以根据对方穿的牛仔裤来判断其“养牛”的过程及专业程度。牛仔本身背后也拥有着丰富的文化内涵，比如从最早的美国矿工的工服演变成几乎每个人衣橱里的必备款式，其背后也代表了社会发展的进程。

四、西服

西服从版型来说，合体型、半合体半宽松型以及最近几年一直都很流行的超宽松型都可以备些。具体款式方面，除了普通款式，也可以备些有细节设计点的款式。第六章和第八章都是示范案例，大家可以参考。色彩上，除了黑白灰这样的安全色，也非常建议大家至少有一件高饱和度色彩的西服，在出席一些特别的活动时可以搭配。

五、衬衫

我个人有一个有趣的观察，我发现中国女性对衬衫的热爱，远不如欧美女性。我也问了下周围做服装公司的朋友，大部分企业的衬衫销量都不高。理论上来说，我们今天也有很多职场女性，衬衫作为职场的必备款式销量应该较高，但事实上我个人也不太喜欢穿衬衫。夏天要么穿连衣裙，要么穿休闲装，冬天内搭衬衫的机会则更少了。公共场合，除了酒店、地产等行业里一些需要穿制服的企业员工总是会穿白色衬衫，其他行业就很少见了。

如前所述，大部分人的外套都不会选择有彩色或者高饱和度色彩的，那么衬衫除了黑白灰，也可以选择些高明度甚至高饱和度的色彩，搭配外衣的时候，衬衫穿在里面就是配色了。对于女性而言，花式吊带衫也都可以备些，外面套一件外套就可以随时外出。

这里也顺便谈谈男士的印花衬衫。如果你常常去国外的海边城市旅游，你会发现有些地方的男士特别喜欢穿印花衬衫，比如东南亚、欧洲等地。但是相对而言，国内男士似乎大多不太喜欢印花衬衫。我曾经在我的调研中向大家询问为什么，回答是相当一部分人觉得穿印花衬衫的男士都比较花心，还有一种解释是影视剧里的坏（男）人痞里痞气，他们大多穿花色衬衫。这个可能也算是衣服的一种区域性关联符号的案例了吧！

六、裤装

我们在第三章介绍过的百慕大短裤、卡普里裤都可以作为日常穿搭必备款式。裤子的色彩多以黑色、深蓝色、卡其色、灰色为主。同样也不妨为自己尝试一些印花、条纹或者高饱和度色彩的短裤，让自己的穿搭更有个性。除了牛仔面料（一般全棉 + 弹力丝），也可以买些卡其、灯芯绒、涤纶 / 尼龙等不同面料的裤子。类型上还有休闲卫裤可以选择。

七、连衣裙

连衣裙恐怕是女生的最爱了吧。廓形方面，H形、X形、A形、长短不一都可以准备几款。还有一些重要的细节，比如不同的面料、领型和袖型。比较常用的建议是：圆领、V 领，几乎是万能领型，一字领则比较适合舞会、休闲；袖子除了普通短袖、中长袖，盖肩袖、插肩袖都可以选择。明亮的色彩与印花特别适合连衣裙，特别鼓励女性在夏天尝试。裙子长度也可以多些组合，从超短裙到长及脚踝的长裙，至少可以各备一款。

八、半身裙

半身裙方面，建议大家至少准备四款必备款式：铅笔裙（办公）、百褶裙（办公、休闲）、A 形长裙、短裙（约会、舞会）至少各备一款。面料则根据季节变换，春夏可以是涤棉、棉、真丝的面料，秋冬则可以购买羊毛裙或者棉服裙，既保暖又不臃肿。

九、厚外套、大衣、羽绒服

就长度而言，过臀长度、至大腿长度至少各一件。对于特别寒冷地带，则需要长度更长的厚外套了。这里重点介绍一下羽绒服。羽绒服虽然是秋冬季节的必备款式，但同时也是服装所有品类中设计最乏味的一款。而且对于女性来说，传统的羽绒服很容易让人看上去臃肿。感谢科技的发展，羽绒服这几年正变得越来越时髦了，不仅有更多的色彩和印花，随着材料与织造技术的发展，现在的羽绒服在轻薄的同时还很保暖。

十、毛衣

毛衣也是秋冬季节的必备款。我推荐最基本的两个款式：万能的针织开衫与套头毛衣。制作毛衣的材料较为单一，如果不是羊毛，大多就是腈纶（仿羊毛感）和羊绒。如果在意身材，秋冬可以选择羊毛和羊绒质地的毛衣，因为它们真的很保暖也很轻盈，容易显身材。

十一、配饰

围巾、丝巾、皮鞋、饰品，甚至是眼镜都可作为服装的配饰，根据个人喜好选择。对于大多数并不想太花心思整理配饰但也想体现一定品位的女性来说，若服装的色彩偏保守，则配饰的色彩与造型可以偏个性些作为点缀。

在规划好衣橱后，可以对照表 6-1，规划一下自己的衣橱还缺什么衣服。经济条件允许的情况下，每个人当然可以再多一些选择。最主要还是能在保证基本款式的前提下，尽量丰富服装的长短、面料、色彩、廓形，以搭配出更丰富的穿着风格。

第三节　时尚消费的常见问题

一、为什么通常建议购买“品牌”商品

在这里，需要先和大家澄清一下“品牌”的含义。不是一件贴了商标的衣服就是“品牌”衣服。这里的品牌包括两种，一种是众所周知的知名品牌；一种是新兴的优质品牌。但无论是哪一种，它们都有一个共性，就是它们不只是一个卖货的公司，而是有着自己的经营价值观，愿意用真诚的态度去对待产品与消费者的公司。从这个角度来看，市面上很多在售商品达不到这个条件。

那么，一个优质品牌究竟有什么特点？

（一）好品牌在原材料上就会精挑细选

材料品质决定了产品品质。我们在第五章已经介绍了材料也有品牌好坏之分。只是一般消费者不了解它们。比如同样是棉花、羊毛、丝绸，也有产地与供应商的好坏之分。优质品牌会尽量选择较为可靠的供应商。这个道理应该适用于各行各业。

（二）制作流程与工艺标准

同样一套西装，一件连衣裙，优质品牌的加工工序远比一般杂牌军要复杂许多。就以缝线这种最基本的工艺来说，好的公司的衣服，对于不同衣服、不同面料的不同部位，缝线的要求都不一样。缝线有很多种，细致到用什么线（真丝线、涤纶线、棉线等，以及用线的粗细、强度、光泽度、色彩等不同要求），线迹的宽度，双线单线，具体什么线型等，所有的细节都是保证品质好坏的基础。

再比如，所有的衣服都要经过熨烫整理的过程。说到熨烫，不同的部位都需要使用不同的工具、温度与手势、力度才能让衣服显出较好的版型。

有的品牌公司，为了保证顾客穿上身的衣服确实舒服，会让试衣模特长时间试穿一件衣服。大多数品牌公司仅让模特试穿几分钟（基本如同我们购物试衣的过程），但有的衣服试穿时间短和长的感受也是不一样的。比如，有的厚外套，试穿几分钟不会感受到衣服其实很重，但如果穿上一天就能感觉到。因此，有些公司对一些重点产品会进行长期试穿，比如试穿几天，洗涤后再次试穿来感受服装面料与穿着体验的变化。

很多衣服看上去大同小异，但是细看并穿上身后，就会感受到不同。这也是为什么我们在第八章会提到即使不是每个人都可以买得起高价的产品，但是经常去店铺试穿也可以提高自己对好品质的鉴别能力。

以上是通常建议顾客尽量购买靠谱品牌的产品的原因。品牌本身就代表着可靠的质量。当然，这并不代表优质品牌绝对没有质量问题。相信各位也在媒体上看到过国家相关机构对一些知名品牌，包括奢侈品做质量抽检时曝光出的质量问题。但从发生问题的概率来说，还是比一般杂牌军要好许多。

二、超级便宜的产品是如何来的

为什么有些衣服的价格看上去不可思议的便宜？如果登录一些购物 APP，你会发现一些令人难以置信的低价衣服。比如，一件户外冲锋衣只有十几元，还有几块钱的连衣裙和鞋子。正常情况，这些价格连人工费都支付不起。这种产品如何做到如此低的价格？

这里有几种可能性：

（一）营销手段

这是最常见的可能性。商家通常会选择几款产品，设置一个格外低的甚至可能是亏本的价格，在业内这通常被称为“引流款”，也就是把消费者流量引入店内的意思。这些亏本的钱可以通过提高其他产品的售价来弥补，保证总体产品的销售是赚钱的即可。

（二）剩余库存

商家对于剩余库存也可能进行亏本销售。因为前面卖掉的产品已经赚到足够多的利润了，剩余的库存即使亏本售卖，总利润也不亏。

（三）平台为了跑马圈地倒贴

另外一种情况是平台也可能以倒贴方式发布新品，这种情况在互联网平台可能会见到。比如，一件产品实际成品价 50 元，平台倒贴 10 元，商家只要卖 40 元，用低价与其他平台竞争。事实上，我们的互联网打车平台早期也是用倒贴司机的方式来占领市场的。

（四）极度的偷工减料

最后一种可能就是用极度的偷工减料方式来做产品。比如使用最差的材料和最粗糙的工艺，这种产品穿一两次就坏了。

三、经济能力有限，如何穿出时髦感与品质感

我经常碰到这样的提问。经济能力有限，特别是初入职场的人本身也没有多少存款，那怎么穿出时髦感与品质感呢？

（一）换季购买

首先换季及销售大促时都是一个很好的购物时机。品牌公司即使平时不太打折，这个时候大多也会“放血”。这点大多数人都知道，就不再细说。这里有一个细节，就是往往等到打折季去买衣服时，可能已经没有自己的尺寸了。如果你又爱品质又爱时髦但又预算不足，可以买大码回来然后请裁缝帮忙改改，相对经济实惠多啦。

（二）奥特莱斯值得选择

虽然近年来实体店生意都不太好，但奥特莱斯这个渠道业绩在近些年表现都很出彩。现在的奥特莱斯并不像从前只是卖库存产品了，随着奥特莱斯的转型，客流不断增加，这几年品牌也都加大了对奥特莱斯渠道的投入，专门提供“奥特莱斯专供款”。这种款式大多经济实惠又很时尚，且有设计感。

（三）租赁服装

租赁也是一种不错的选择，特别是对于自己不常穿的高端衣服，可以通过租赁平台进行租赁。国内外现在都有相关的衣物租赁 APP。

（四）二手衣物交换

闲鱼 APP 和一些城市线下也有二手衣物交换市场，这里也可以淘到质量不错的、时髦的产品。

四、为什么实体店服装的价格大多比网络店铺贵

消费者应该也会注意到，实体店的服装质量普遍好过网上店铺——即使是同一个品牌的产品，也可能会出现这样的现象。这又是为什么呢？相当多的品牌，如果他们既有实体店铺也有线上店铺，都会区分“实体店”产品线与“线上”专供款。如今这种现象正在逐步减少，更多的品牌开始统一线上线下的渠道产品与价格。

两者的差异主要在于对产品的流程开发与要求不一样。

实体店的产品开发周期，通常在 6 ~ 12 个月之间不等，这个开发周期保证了产品会得到有效的规划与品控管理。举例来说，实体店的产品一般单单样衣审核就要经过 3 ~ 5 轮。他们无论在选料还是品控方面耗费的时间、成本都高于一般网店。对于实体店而言，“好”比“快”更重要。这当然也因为在实体店购物的顾客对商品的审核会更多、要求会更高。网络店铺，特别是没有实体店的网络店铺，服装产品的开发周期一般在 2 ~ 6 周左右。这个时间决定了一般纯网络品牌是没有时间像实体店那样反复确认样衣的品质，有的甚至连品控也没有。对于网络店铺而言，“快”比“好”更重要。当然，网络店铺的“快”也不仅仅只是以牺牲品质换回时间，也因为他们的数据采集与分析能力比实体店更快。

另外，渠道费用也决定了两者的价格很难一致。虽然现在网络店铺的运营成本很高，但是相对一般实体店的租金，还是有一定的灵活性。

这也是为什么同类商品，甚至同个品牌，诸如直播间、网络店铺的价格通常都会比实体店便宜些。不过，现在线上和线下渠道也都在逐步相互靠拢，渠道运营成本都开始上涨，所以未来统一价格、统一品质将会是大势所趋。

五、设计师品牌为何比一般品牌昂贵许多

很多消费者会发现，设计师品牌一般比大众品牌贵许多，有的价格甚至接近奢侈品线的入门级别产品。这又是为什么呢?

（一）首先是关于“设计价值”的问题

如何理解这里的“设计价值”？如果一个顾客找设计师定制一件衣服，设计师告诉顾客这件衣服的材料费多少钱，人工费多少钱，顾客一定可以理解。但是当设计师跟顾客说设计费的时候，顾客就会觉得这个太难以量化评估了，怎么确定设计带来的价值呢？比如设计师出图稿，顾客可能会认为：“就画一张看上去这么简单的图，要这么多钱？”顾客无法明白的是，设计图纸只是设计师设计方案的一个结果，但在呈现这个结果之前，其实设计师要做很多功课。比如他们要了解顾客的个人生活场景和喜好，要了解流行元素，要做市场调研等。顾客看到的只是一个最终方案，但设计师可能背后做了五六套甚至十几套方案，才选出一套自己认为的最佳方案给顾客。所以，设计价值原则上是设计师耗费的时间成本与创造力，但由于这些都很难被量化地呈现给顾客，也因此难以被顾客所理解。

而“设计师品牌”的定位就是“以设计师的设计风格为导向的一类品牌”，这是它与以（迎合）市场为导向的一般商业品牌最大的差异。而这当然也是设计师品牌存在的价值——创造更多个性化、差异化的有魅力的产品。

（二）其次，设计师品牌更在乎品质

设计师品牌更讲究品质，所以从面料、辅料的选材到工艺都会提出更高的要求，这也是它们更贵的原因。

（三）其三，与业务规模有关

无论是一般电商品牌还是大众品牌，因为其受众群体大，销售规模大，所以产品单价会低。这类产品一次的产量大多都至少在数百件以上，有的在千件甚至万件。但是设计师品牌大多每款产品的数量只有十几到几十件。上百件的销量对于大部分设计师品牌来说算大单。也因此，设计师品牌单价较高是普遍的。

六、不想花时间学习穿搭，也没时间研究服装，如何能穿出品味与高级感

我有一个朋友，是某家国际知名咨询公司的合伙人。她说，一年 365 天，她 300 天是要飞的，不是在出差，就是在去出差的路上。对于穿衣服，她的一个痛点便是，又要穿有品位的衣服，还不能是奢侈品（不能表现得比客户穿得还贵），但又没时间选购衣服。怎么办?

针对这样的情况，我有以下建议。

① 采用我前面提到的“订阅”模式。不过这个模式目前在国内还没有特别值得推荐的平台公司，但现在不少服装品牌公司的 VIP 客户会有这个服务。

② 成为一些高端百货商场的 VIP 会员，他们会提供上门服务。百货商场相对于服装品牌公司来说最大的优势就是产品品类和品牌较为丰富。他们还有专门的造型顾问团队，可以为顾客做一对一的陪购服务。

③ 雇佣专业的形象造型顾问，由造型顾问为自己选购衣物并协助自己做形象造型。国际上一些知名人士基本都采用这个模式，但国内就比较少。可能与我们缺少这样的专业顾问也有关系。

七、为什么男士都应该至少有一两套定制西服

这是一个传统正在被抛弃的年代——包括男士西服。男士西服的正装地位，正在遭遇“人们日益追求舒适、休闲、自由”这一需求转变的挑战。现在除了少数正式场合，我们已经很少见到打领带的男士了。但即使如此，对于大多数男性，一生总有那么几次要穿正式西服的场合。特别是随着年龄的增加、职位的提高，穿正式西服的场合还是比较多的。

图7-1

图7-2

（一）定制西服分类

为什么定制西服比购买的成衣西服更好呢？这里先和大家说明一下，从定制模式而言，西服分为三种：

1. 全定制

从具体款式、面料到尺寸，从 0 开始全部采取根据顾客的具体情况进行定制的方式。

2. 半定制

根据现有款式（一般都有成衣或者图片），自选面料，根据顾客的尺寸定制。当然客人也可以根据现有款式做细微调整。

3. 成衣

也就是直接从商店购买的衣服。

我这里的定制，主要指前两种。当然，第一种最贵。

（二）定制价格

通常来说，定制价格会贵于成衣，但即使如此，定制西服也值得拥有。

同一家店铺的裁缝手艺是差不多的，所以人工费一般差不多，因此定制价格主要取决于材料费。材料费主要是面料费。定制面料一般都是真丝、羊毛或两者的混纺。另外面料供应商也有品牌之分，虽然大多数普通消费者无法区分这些品牌商，但在西服面料上，英国、意大利和日本的面料一般都被认为比较高级。英国是羊毛制造强国，他们的工业革命就起始于纺织业。意大利和日本的面料制造历史也很悠久，这和他们擅长研发、设计与机械制造有关。

当然，这里有一个很现实的问题，普通人应该如何分辨面料的好坏，商家如果要忽悠你这个是日本进口那个是意大利进口你又该如何分辨真假。我个人的一条经验是，当碰到不在你专业领域的事情，而你又找不到熟悉这个领域的朋友进行咨询，那么最好的方式是判断对方是否是一个靠谱的人。比如服装定制的店主，虽然你不知道他的裁剪技术如何，但是你可以通过对话与观察判断他是个油嘴滑舌喜欢忽悠的人还是一个靠谱的人。一般来说，人靠谱，那么事才可能靠谱。另外，面料若是进口的，一般都有进口证明。当然说实话外行也不一定真能辨别这些证明到底是不是这些面料的，所以本质上是找到靠谱的商家定制。

（三）为什么定制的西服更有优势

首先，好的定制是完全根据个人条件制作的。

男装西服款式流行趋势变化并不大，每年的流行主要体现在细节上，比如面料肌理、色彩、廓形、版型等。但流行归流行，对于个人来说，靠谱的商家可以提供一些针对个

图7-3

人的建议。比如哪些款式更适合顾客，什么样的细节设计（比如翻领宽窄）适合什么样的身材，以及顾客适合什么样的色彩与版型等。这些都是成衣店铺难以提供的专业服务。

其次，这种适合度还在于体形。定制西装的多为成年男性，标准体形的人毕竟是少数，大多数人都存在偏瘦、偏胖、大肚腩、斜肩或驼背等体形问题。这些问题都可以通过裁缝师傅高超的手艺得到一定程度的改善与修正。

再次，每个人都还会有自己特定的生活习惯。比如，有的人喜欢宽松的版型，有的人喜欢紧身的版型，有的人有自己特定的站姿、坐姿或者某些习惯性的动作，这些信息都可以告诉定制店铺，裁缝会根据客人的特殊需求在细节上做处理，以达到真正让客人感觉舒适的目的。

最后，好的定制店铺非常注重与客人的关系。在英国伦敦的裁缝街上，店铺和顾客之间的关系几乎是传代的——从曾祖父辈开始衣服就在店铺做，家族与店铺的关系世代相传。我曾在 2003 年采访过这里的店家。他们举例说明第二次世界大战期间，他们还为客人向其家人传递过信件。因为战争，交通与通信很不方便，有的时候在战场上的儿子会将信先邮寄到裁缝店铺，再由裁缝店转交给自己的家人。也因此，售后服务是服装定制店铺非常注重的事情。由店家定制的衣服大多几乎可以得到终身维护。并且，考虑到客人体形会有变化，定制西服通常会在衣服的缝合部位将尺寸放得更加宽松些。比如一般成衣缝边是 1cm 宽，高级成衣也许是 2cm ~ 3cm。这样未来客人长胖了，还可以通过缩窄缝份而让尺寸再变宽大些。

这里，也许大家还有一个问题，现在科技那么发达，机器做出来的东西又快又好又便宜，难道定制的服装一定比机器做的好吗？简单来说，一流的裁缝超越一流的机器。当然，一流的裁缝也是有限且昂贵的。举例来说，现在大多数人都会用电脑绘画，但是如果你问一个老练的画家，他（她）们喜欢手绘还是电脑绘画，我相信大多数人会说手绘。我虽然只短暂学习过绘画，但我不得不承认拿笔在纸上画，与拿电子笔在屏幕上画的手感真是不一样。即使你不会画画，也可以尝试做这样一个练习：拿笔在纸上写字，和拿电子笔在屏幕上写字，你应该和我有一样的感觉：手感很不一样，驾驭笔的能力也不一样。

一流的裁缝都是从学徒做起，一般 5 年 ~ 10 年出师。从最开始为师傅准备裁剪工具、倒茶送水、热熨斗，慢慢发展到开始拿碎布训练手工针线，做简单的缝合、锁扣眼，再到尝试裁剪、上缝纫机等。我至今还记得曾经采访一位为多国皇室定制衣服的老裁缝时他说的一句话：“人的眼睛和手都是活的，机器是死的。所以人手工做出来的衣服是有灵气的。”

小结

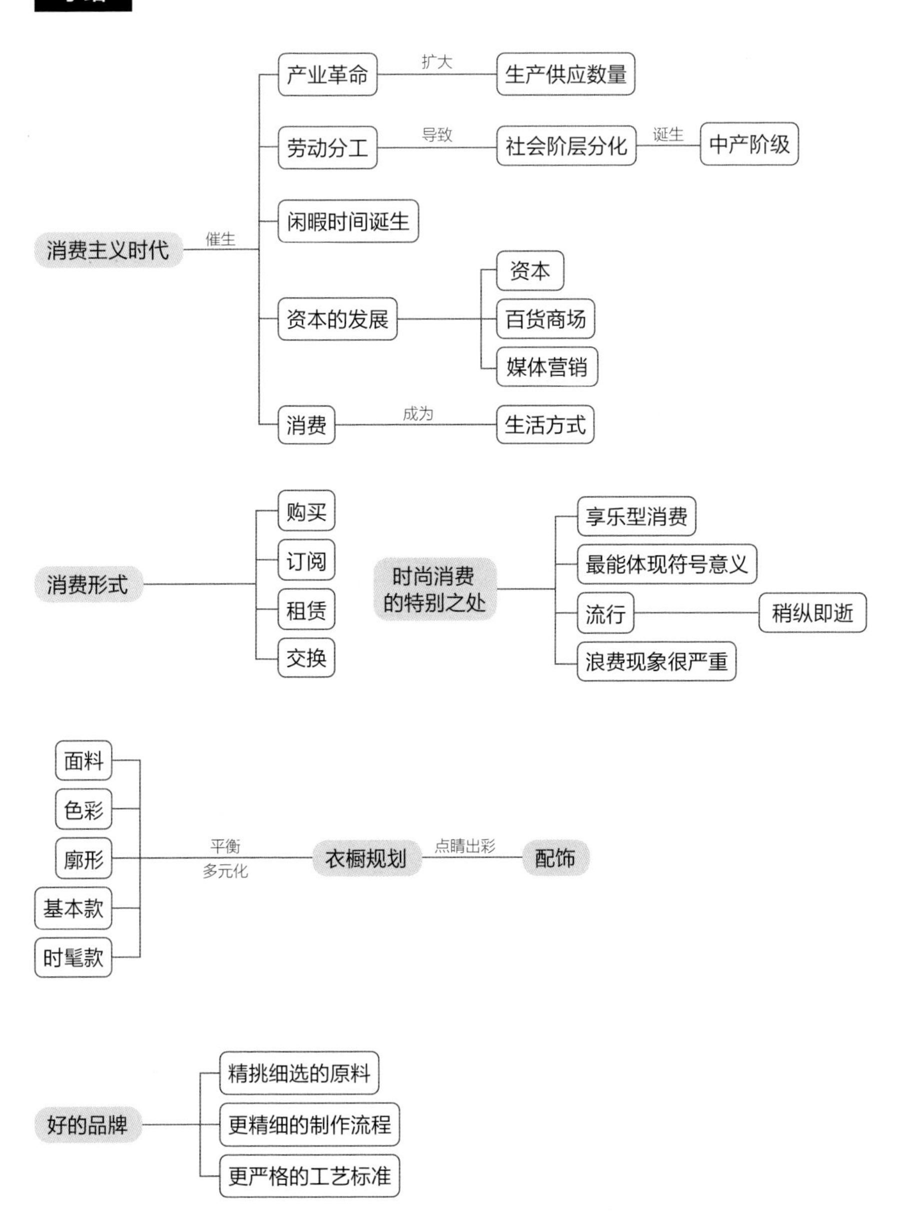
消费主义时代
催生
产业革命
扩大
生产供应数量
劳动分工
导致
社会阶层分化
诞生
中产阶级
闲暇时间诞生
资本的发展
资本
百货商场
媒体营销
消费
成为
生活方式
消费形式
购买
订阅
租赁
交换
时尚消费的特别之处
享乐型消费
最能体现符号意义
流行
稍纵即逝
浪费现象很严重
面料
色彩
廓形
基本款
时髦款
平衡
多元化
衣橱规划
点睛出彩
配饰
好的品牌
精挑细选的原料
更精细的制作流程
更严格的工艺标准

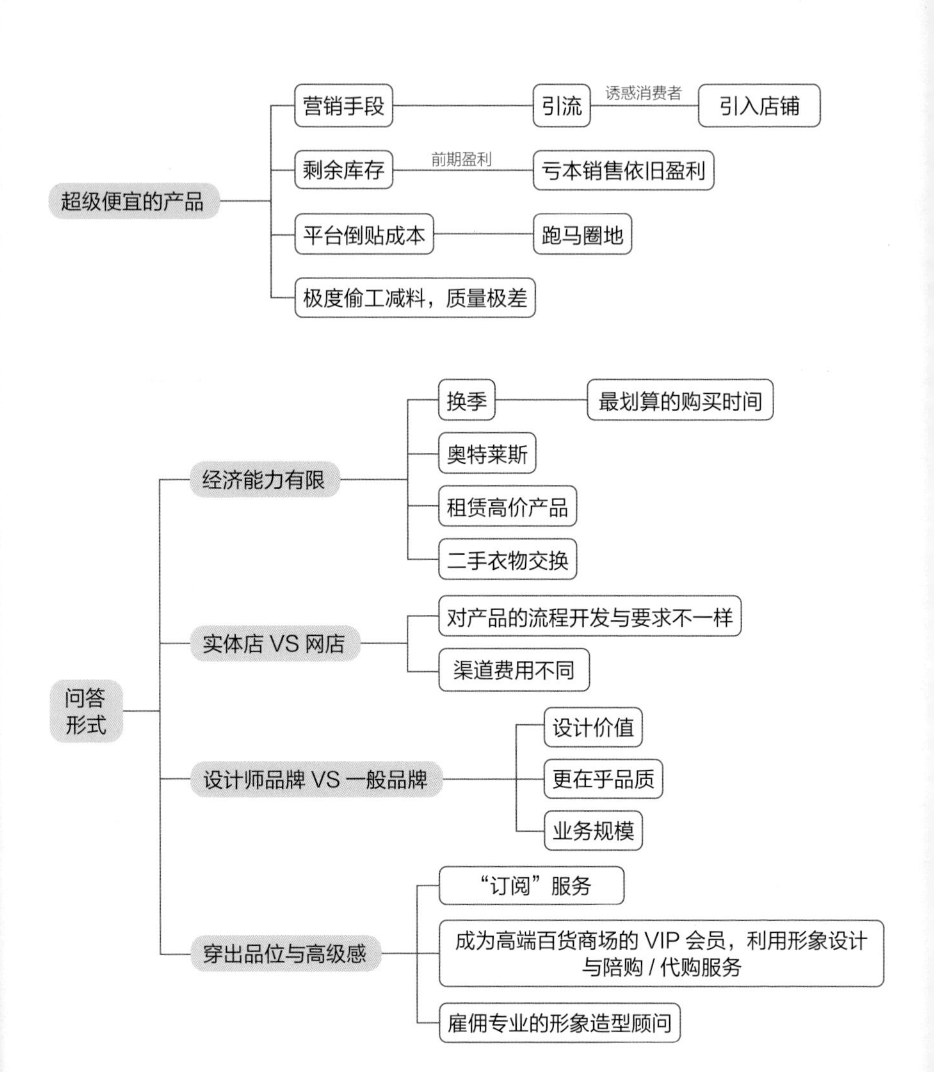

定制西服

推荐阅读

安东尼·加卢佐，《制造消费者：消费主义全球史》，广州：广东人民出版社（2022）。
鲍德里亚，《消费社会》，南京：南京大学出版社（2014）。

第八章
开启自己的时尚实践之旅

第一节　最好的实践，从试穿与模仿大牌开始

如果你并不打算花过多的预算在衣服上，但同时又想体现自己良好的品位，你至少可以不花钱做两件事：其一，是去大牌店铺试穿；其二，是通过观赏知名大牌，比如四大时装周的走秀图，提高自己鉴赏力的同时，也可以模仿并借鉴他们的穿搭。对于还没有培养出自己鉴赏力的人来说，这两点是最快速且简单的学习方式。很多人觉得四大时装周上的穿搭都很夸张，不够接地气，所以更多人愿意模仿更接地气的网红穿搭。如果你自己能甄别出哪些是专业的穿搭建议，那当然不是问题，但网络上也有很多伪知识。假如你无从甄别好坏，不如就先去提高鉴赏力。知名大牌就是相对靠谱的学习对象。特别是奢侈品走秀搭配，非常值得借鉴。很多奢侈品大牌只是走秀场景比较特别，衣服本身大多都很适合日常穿着。若你能按照接下来我要讲的几种方法进行尝试，完全能将看似普通的衣物穿出自己的特色。

不过由于图片版权问题，本书无法直接将大牌走秀图用到本书中。所以我只能从图库中找到一些我可以购买版权的图片，介绍给大家如何从图片中学习穿搭。图片本身并不重要，重要的还是掌握学习方法。

一、学习色彩搭配

色彩搭配是最容易学习的。对于没有受过色彩搭配专业训练的人来说，要创造出美丽的色彩搭配是不太容易的。大多数人保守地遵循了黑白灰的搭配原则，最多加一两个有色彩的色相。而跟着大牌的搭配法，则可以大大丰富自己的色彩选择。

如图 8-1 中的印花色，看上去虽然有些五颜六色，但其实它含有与裤子的绿色及包包的土黄色相呼应的色相；耳环、裤子与鞋子的色彩都采用了同一绿色色相，只是在明度和纯度上略有差异，但因为耳环与鞋子的色彩面积很小，因此有呼应的同时也没有抢了裤子的风头。普通人如果穿这样的绿色阔腿裤，大概率只敢配黑白灰这些无彩色，而不是现在这种与绿色邻近的土黄色。这种邻近色比绿色显得更活跃，黄色本身也是明亮的色相。读者就可以将这种色彩搭配方法运用在自己的服装色彩搭配中。

图8-1

如图 8-2，温暖的姜黄色，搭配泛红的深紫色，在色相关系上，它们相邻约 90° 。有鲜明的对比，但是冲突感又不是很强。

图 8-3 中，外套与内衣的搭配也很值得学习。两者的明度与纯度差不多，色相关系属于黄与绿，色相环上的距离较为接近。

图8-2

图8-3

二、学习面料搭配

什么样的面料可以搭配在一起，也可以通过看图学习。比如图 8-4 虽然不是全身照，但看得出内搭是带有透明感的轻薄纱做的，外套看上去像是羊毛（也可能是混纺）材质，偏向温暖与厚实，呈现出一种厚与薄、不透明与透明的对比，这也是面料上的一种混搭法。

三、学习廓形搭配

廓形也可以有很多种组合搭配方式。图 8-5 中上身宽松休闲的套头短袖衫，与下身的紧身裤形成一种廓形对比。上宽下紧也是近些年比较主流的版型和廓形的搭配方式。

图8-4

图8-5

四、学习混搭风格

混搭也是近些年非常主流的搭配风格。厚重与轻薄的面料混搭，正式与休闲的风格混搭，透明与不透明的材质混搭等。

如图 8-6，对于大多数人来说，可能过于“先锋”，但不需要完全复制模特的整体搭配，这套搭配混搭的内容很多，可以模仿局部。比如，粉红色与浅蓝色的色彩搭配，冲击力已经超过了一般的色彩搭配；内搭完全休闲的套头套装，外面则混搭偏正装的风衣。

如图 8-7 这套搭配，下装就很值得潮流追逐者模仿。里面是一条普通的黑色休闲短裤，外面搭配了一条透明纱裙，很适合舞会与休闲场合。

图8-6

图8-7

五、学习穿法

普通的衣服，如果在穿法上进行一下调整，也可以变得时髦起来。可惜我没有找到足够多的合适配图。穿法主要指诸如图 8-8 中将衬衫套在高腰裤的里面；同一件衬衫，搭配其他的裤子也可以放在裤腰外面，也可以将衬衫的一半收在裤腰中，一半放外面。此外，衬衫还可以通过不同的打结方式来体现其不同风格。

六、观察比例与线条

比例和线条也是我们曾经在前面章节中介绍过的内容。图 8-9 中这套衣服也是比例很好的一款搭配。特别是半身裙的高腰线处，拔高了整体，拉长了下半身比例。

图8-8

图8-9

七、学习用配饰点亮全身

对于喜欢穿着安全感的人来说，配饰是非常好的点亮全身搭配的手段。

如图 8-10 中，一款简单的蓝底白点连衣裙，搭配上黄色腰带与连裤袜，以及红色的头饰与鞋子。配饰的配色很大胆，但因为色彩面积很小，所以也不会让人觉得这种撞色配色过于突兀。

图 8-11 里的衣服，本身都比较简单，但是红色的帽子和小包点亮了全身。

图8-10

图8-11

八、DIY 改造衣物

大部分人家中应该总有些不穿的旧衣服。有些旧衣服稍加改造，就是一件时髦的新衣服了。比如背心式西服，可以把老爸、兄弟或者老公的西服拿来改造一下，就是一款宽松西服背心了。

第二节　利用服饰修正体形的视觉感官

一、对体形的评估首先取决于人对自我的认知

翻看所有与服装穿搭相关的内容，大概率你都会看到诸如“梨形”“苹果形”“沙漏形”等不同身材体形该如何穿着的问题。但严格意义上来说，犹如我一直在本书中不断强调的，在判断什么是“美”之前，我们需要知道作为观察者，我们自己的视角到底是什么。

在这方面，学者玛丽琳·德龙（Marilyn DeLong）[1]曾经采用了一种“服装人体构造关系（apparel-body construct）”作为艺术作品的视觉分析方法论。这个方法主要考察人体、衣服与环境的关系。基于这样的方法论，她分析了人们对一张穿着衣服的人的图片的不同反应。

她将图片按照以下 5 个维度做了分类分析：

① 衣服的廓形与人体的距离，是靠近身体（紧身或者合体），还是衣服的轮廓自然在人体上流淌（通常指柔软的面料，比如裙子是这样的效果）。

② 观察者是否能够清晰地阐述穿着者人体与所穿衣服之间的关系，对相关细节是否解释得清楚。

③ 整体衣服的廓形彰显的身体是平面的还是立体的。

④ 观察者观察时，是将人与背景区分开来看的，还是将人与背景融为一体的。

⑤ 将图片视为一个整体来看，先从整体看到局部，还是先从局部看到整体。

德龙认为服装与身体的关系是“互动式”的，而不是静态的。因此，这再次呼应了我在第一章曾介绍的，当我们购买衣服时，不能仅仅只看服装的线条、色彩、面料，还要看这些要素对人的认知影响。研究表明，一个人对自身身体形象的认识，与个人的自尊感及性格息息相关。对体形自信的人，对个人的总体自信与自尊感也更高。一个人对自我身体的态度及满意度，与对自我着装效果的评估息息相关。当一个人不能正确地看待自己的身体，对自己的身材百般挑剔，那么他（她）对自己的着装大概率也是百般挑剔的。一般来说，正常体形的人对自己的身体满意度较高，也因此，他（她）们在服装合体性的诉求上也不会有太多要求。[2]

也因此，针对有些特别强调身材瘦小的品牌，我们应该做的是质疑他们对女性身材的苛求，而不是埋怨自己为什么穿不进去那种尺寸小到近乎病态的衣服。

1　DeLong, R. Marilyn (1987), *The Way We Look: A Framework for Visual Analysis of Dress*, Ames: Lowa State University Press.

2　Mair, Carolyn (2018), *The Psychology of Fashion*, New York: Routledge.

二、服装确实对体形有着修饰作用[1]

学者们的研究发现，让观察者比较没有穿服装的人体体形与穿着服装的人体体形，很明显穿着衣服的人体体形更让人满意，尽管体形本身并没有变化。这说明服装确实可以改善人们对体形的看法。

另外，通过改变服装的线条，比如拉宽肩部线条可以让肩膀看上去更加宽阔，显得身材更加魁梧；拉长衣服的腰节线，能够让腰部看上去更加纤细修长；缩短上衣的长度，可以让下半身看上去更加修长。人们对脸型的看法也同样受发型和领型的影响。

图 8-12 代表了四大主要的女性体形。苹果形主要指上（肩 / 胸）宽下（臀）窄的身形；梨形则与苹果形相反；矩形则主要指肩宽与腰围和臀围上视觉差异不大的身形；沙漏形是被广泛认为最美的体形，充分展现出女性的身材曲线。

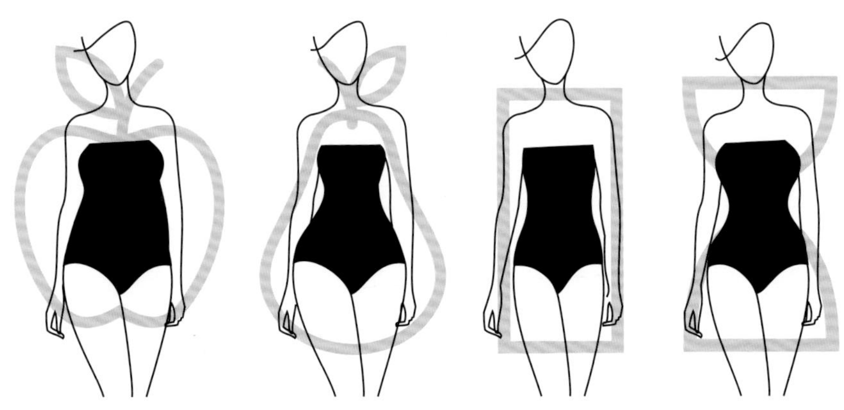

图8-12

通常来说，沙漏形身材被认为是标准身材。假如这也是你希望成为的体形，那么你可以通过服饰来尽量让自己从视觉上接近这个体形。不过服饰能够修饰的体形也是有限的。有的自媒体宣传会夸大服饰的修正功能，似乎穿了某件衣服，无论你是什么体形，就能立刻看上去苗条，但世界上并不存在这样的衣服。犹如我在开篇介绍的，一个人只要身心健康，其实体形胖些、瘦些，或者哪里可能粗些、平些，都不那么重要。我们要做到的是相对美感，而不是绝对美感。

1 Fan, Jintu (2004), *Clothing Appearance and Fit: Science and Technology*，Woodhead：Woodhead Publishing .

三、修正方法

（一）取长补短原则

用服饰从视觉上修正人的体形，也就是如果你自觉太胖，可以通过拉长纵向比例，让自己看上去没有实际那么胖；如果你觉得自己某些部位太瘦，可以通过衣着让这部分看上去比较丰满。总之缺啥补啥，哪里短了，就把哪里拉长；哪里胖了，就把哪里缩小。接下来我们从人体的部位从上往下细谈。

1. 颈部

通常来说，颈部这个部位偏长一些更好看，也就是我们俗称的“天鹅颈”。如果你觉得自己颈部偏短，可以通过服装领型及配饰来解决颈部问题。比如V形领、U形领，都可以拉长颈部。另外，也可以通过佩戴项链来拉长颈部长度。如果你觉得自己颈部过长，则可以反其道而行，比如穿一字领、圆领等领型的衣服。

2. 肩部比臀部窄

通常来说，肩部宽度，在视觉上应和臀部宽度差不多，或者比臀部稍微宽一点点，是比较好看的，也比较容易撑起衣服的骨架。假如你的肩部比臀部要窄，就加宽你的肩部线条，比如穿有垫肩的、有荷叶边领、泡泡袖等元素的服装。肩部有装饰的服装就可以解决肩膀在视觉上较宽的问题（图8-13）。

图8-13

3. 臀部比肩部窄

假如臀部比肩部窄过多，那么就把装饰向下移。比如穿一些有宽大口袋的裤子，或者腰部有褶皱、荷叶边装饰的裙子。哈伦裤也可以有这类功能。

4. 胸部太平

自觉胸部太小（平），可以穿一些荡领服装。或者穿胸部有装饰的服装，这会让胸部看上去丰满些。比如第188页图8-2中的上衣，胸前的层层花瓣一样的设计就很适合平胸的女性。

5. 腰部腹部

女性都喜欢细腰、平腹。这部分，主要靠纵向的线条来修饰。这里的线条并不仅仅指面料上的条纹，衣服的分割线也属于线条。另外，衣服上纵向排列的纽扣也是线条，它们都可以被用来修饰腰、腹部。最后， 深色通常有视觉收缩的功能。

6. 手臂

很多女性都会觉得自己手臂，特别是肩膀处的肉过多且松弛。如果自觉手臂粗，采用简洁的袖型，不要有过多装饰物。也可以采用盖肩袖。自觉太瘦的人，一般肩膀也比较单薄，可以用泡泡袖、山羊袖来修饰肩膀。

7. 腿部

除了采用纵向的条纹和深色进行修饰，也可以通过上身穿短款衣服，或者提高腰节线以拉长下身的视觉比例，让腿部看上去更加修长。

8. 身体比例

就身体比例而言，比较好看的身体比例是人体是头部的七八倍比较好。T台上的模特大多数都是这个比例。另外，上下身比例大约是5：8。这里，之前第五章提到的腰节线就是重点分割线了，上下身比例主要在这里。 因此，如果想让自己下身看起来比较修长，就让衣服的分割线尽量在上腰节线上，或者上身穿短装，下身穿高腰裤、高腰裙，或者连衣裙的分割腰节线往上移。

（二）扬长避短、转移视线原则

扬长避短、转移视线也是一种方法。就是让大家一眼看到你体形的优点，忽略缺点部位。比如，你对自己的颈部很满意，可以把着装亮点放在你的衣领、围巾或者项链；如果你对上身比例很满意，可以佩戴胸针来吸引目光，让大家忽略你的身材短板。

小结

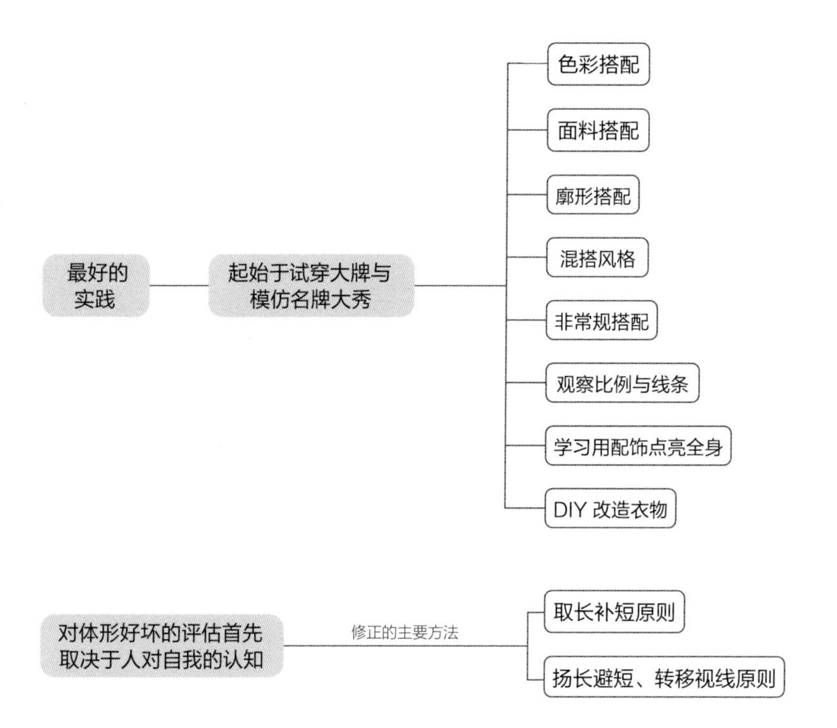

推荐阅读

矶部安伽，《越穿越搭》，南京：江苏凤凰科学技术出版社（2020）。

未来篇

About Future

第九章
未来的时尚消费

第一节　从“一般消费”到“有责任感的消费”

在前面的章节里，我谈到过“消费文化”一词，它让整个商业体系从“以生产为中心”转向“以消费为中心”。“以生产为中心”是按需求生产，“以消费为中心”则是不断刺激消费者的购物欲望，以达到资本利润最大化。过去数十年这种近乎浪费的消费行为给我们的社会与环境带来了很多的弊端。在社会层面，造成阶层内部之间的攀比，不同阶层的对立（贫富差异）；在环境方面，它制造了诸多浪费及污染。虽然我们今天所面临的社会与环境问题并不仅仅是消费造成的，但无节制的消费行为给我们赖以生存的地球带来了诸多问题却是事实。学者们认为这些是“道德操守感”消失所带来的问题。

那什么是“有道德感的”消费？具体来说，我们不仅仅只是关心这个产品是否好看、实用或是否适合自己，还要关注这个产品是如何做出来的；制造工厂是否善待了其劳工，劳工是否获得了令其有尊严的收入，他们的工作环境是否安全、健康；产品的设计、加工与运输是否考虑环保问题；我们将使用这些产品多久；当我打算弃用这些产品时它们最终会去了哪里等。

这毫无疑问与我们传统对“消费”的理解是不一样的。比如，当我们一味追求“廉价”产品的时候，是否考虑过这些廉价产品背后的劳动者是一群什么样的人，他们从中获得了多少薪资。几年前，我的一个英国朋友在介绍可持续时尚在欧洲的发展情况时，曾举例说明，她有一次在中国买了一条披肩送给她在英国的姐姐，她姐姐接受这件礼物的第一句话不是“谢谢！”，而是“这条披肩是哪里做的？那里工厂条件如何？”我相信，再过 5 年 ~ 10 年，我们国内也会有更多这样的消费者出现。以我个人的观察，及曾经做的市场调研都说明，现在一些“90 后”“00 后”明显比他们的前辈更关注环境与社会问题。他们并不仅将消费视为个人行为，还视为社会行为的一部分。

“负责任的消费”，就不再单纯以价格论英雄了，而是以“价值”论理了。比如，工厂为了做到对环境的保护，会需要购买污水处理设备、采用对污染更少的工艺方式以及染料等，同时还要支付给工人有尊严的工资。这些都意味着成本的上升——最终都会转嫁给消费者。这也意味着，从消费者视角而言，我们也需要重新思考什么是“合理的价格”。

第二节 可持续时尚

可持续发展与“美”相关吗？在我看来，它们息息相关。因为，可持续发展的最终目的，恰恰是为了让我们赖以生存的地球变得更美！众所周知，关于当下的环境，特别是气候问题，已经不是某个国家或者地区的问题，而是全球共同面临的问题。这其中，又以全球气候变暖为最普遍且严重的问题，而导致全球气候变暖的关键问题，是碳排放超标。我相信，大家通过平时的媒体报道，一定也看到了这些相关的关键词。可能很多人和曾经的我一样，其实对于碳排放的理解是非常模糊的。

借此机会，也给大家推荐一个网站，这也是朋友推荐给我使用的。这是一个“碳足迹计算器”，网址是：carbonfootprint.com。这个计算器可以计算每个人在一个时间段里的碳排放量，包括你所使用的电、天然气、燃油、煤炭、液化气等，以及乘坐轿车、飞机、摩托车、巴士、火车所产生的碳排放。还有个人消耗品，诸如食品、药物、纺织用品与衣服、电脑设备、电视机、手机、家具、酒店、电话费、金融、保险、教育、娱乐等所累计的碳排放量。比如我自己就用上述网站做了个测试。我的碳足迹为每年 9.17 吨，这个还不包括我家里日常使用的水电燃气等部分。根据这个网站统计的数据显示，“全球平均碳足迹约为 5 吨；应对气候变化的全球性目标则为 2 吨”，可见，我本人是严重超标的。我比较了一下，因为自己是自由职业者，主要依赖于网络上作业，所以我的出差并不算多，在搭乘交通工具方面产生的碳排放不算多。但是，我主要的碳排放产生在消费上，而这其中，又以衣物护肤品、教育、保险支出较高。看了这些数据我才明白，原来即使购买保险与教育开支也是要产生碳排放的。无论如何，我将近 10 吨的个人年碳排放量，还是让我很惊讶。所以我也需要重新审视自己的生活方式与消费观念。因此，非常建议大家不妨使用它来测试下自己的碳排放量，看如何能够尽量控制在标准以内。

在本书中，我也会用时尚产业作为案例来分析可持续发展问题。除了因为这是我熟悉的行业，也因为这个行业是仅次于石油业的全球第二大污染行业。大家可以去看纪录片《The True Cost》（真正的成本）。这部纪录片详细记录了表面看上去光鲜的时尚行业是如何成为全球第二大污染行业的。

注：本章第二节部分内容曾出现在本人为《费加罗FIGARO》时装杂志的撰稿与本人的另外一本书《时尚商业概论》中。

一、我个人可持续时尚的经历

我自己第一次对可持续时尚有懵懂的认知是在 2003 年。那个时候我刚结束在伦敦的硕士学习。回国之前，需要处理掉一批旧衣服，不准备把它们再搬回中国。所以我找到了当地很有名的收购二手衣物的一家慈善商店。捐赠人将服装免费捐赠给商店，商店经过整理、清洗后会再次低价出售。销售的回款除去应对店铺的日常开支，剩余的会再作为捐赠款项做其他慈善事业。当时我便觉得这真是一个多赢的模式，不过，这个时候我还不知道这属于可持续时尚的一部分，只知道可以给二手衣服寻求一个不错的出路，很好!

真正了解可持续时尚，则是在 2007 年。因为一个偶然的机会我认识了德国法兰克福展览中心（Messe Frankfurt）负责可持续时尚的人，他说一口流利的中文。我去德国柏林时，参加了他们组织的一场道德时装周（Ethical Fashion Week），第一次听说了“可持续时尚”“绿色时尚”“道德时尚”的概念，这算是我对可持续时尚的认识的启蒙。2011 年，我又有机会去了瑞典，参加过两次可持续时尚工作营，认识了一些同行，对这个领域有了更深的认知。不过这段时间，国内几乎还没有人提到“可持续时尚”的概念。

2015 年，我受邀开始担任 Redress 在中国大陆地区的顾问。Redress 是一家专注废弃纺织品事业的总部在中国香港的机构，成立至今已经十多年。我的工作主要是在他们需要的时候，给他们介绍本地相关资源（比如代表他们去大学传播可持续时尚的理念等），为他们提供相关的咨询服务。

虽然相对于国内人士，我接触可持续时尚比较早，但我对它的敬畏之心则产生在近几年。一方面，近几年经济下行压力的增大几乎影响了我们每个人的生活与工作；另一方面，这也让原本我们发展过快的世界按下暂停键。这段暂停时间，让我们得以有机会重新思考自己的生活方式与事业发展方向。我也不例外，最终让我下定决心做一个可持续发展的践行者，是两个已为人父的朋友说过的类似的一段话。

我这两个朋友彼此并不认识，他们一个是“60后”，一个是“80后”，他们不约而同地在不同的场合告诉我，他们非常担心自己孩子的未来。刚开始我以为他们指孩子调皮捣蛋不好好学习，但对话后才知道他们其实担心的是孩子成人后，没有一个清洁的自然环境给他们成长。气候变暖问题其实已经迫在眉睫，但很多人还没意识到。越来越多的年轻人生病，虽然原因多样，但大多都脱离不了当下的空气污染、气候变暖等问题。他们作为父亲，非常担心自己的孩子也会年纪轻轻就生重病。这段话让我很戳心——因为事实上无论是从媒体看到的，还是我周围越来越多的年轻人，确实看似年轻人患病的人数多于从前。我想，所有成人想到孩子，内心都会变得柔软。这是促使我要在本书中的最后加入这一篇章最重要的原因。如果我们的美只是停留在物品的视觉美上，而这种外在美其实是以牺牲环境为代价的——它难道真的是我们应该追求的美学价值吗？因此我期待通过这章节内容，与大家分享，我们追求“美”之前，应该保证我们生存环境的美。

二、服装纺织业给当下环境带来的严重问题

服装作为人类日常消耗最大的消费品之一，虽然给大众带来了更多的美感，但同时，也给我们生活的环境造成了很大的危害。

（一）巨大的浪费

服装纺织业的浪费现象，不仅仅存在于某些个别国家，而是普遍存在于许多地区与国家。据公益机构全球时尚日程（Global Fashion Agenda）的统计：

“全球每年大约有9200吨纺织废料，这相当于每秒钟，都有满满一车的服装及纺织废料被送入垃圾填埋场。预计到2030年，这些废料会增加到1.34亿吨以上。

……

与此同时，我们购买衣服的数量远超过从前——消费者现在人均购买的服装数量比15年前增加了60%……全球，每年消费者购买的衣服大约有5600万吨，预计这个数值到2030年会增加到9300万吨，到2050年则增加到1.6亿吨。

……

而最终，只有12%的服装纺织废料被回收循环使用。”[1]

1 Beall, Abigail (2020), ‘Why Clothes Are So Hard to Recycle’, https://www.bbc.com/future/article/20200710-why-clothes-are-so-hard-to-recycle，登录日期：2021年2月6日。另外，9200万吨纺织废料应该包括了做衣服裁剪所涉及的纺织废料，而不仅仅是成衣被丢弃后产生的废料。

我们以全球人口 76 亿来计算，则人均每年产生的服装与纺织废料大约是 12kg，这相当于 20 件～30 件衣服的重量。同时，人均每年又再买进约 7.3kg 的衣物，这大概相当于 10 件～20 件衣服的重量。毫无疑问这是个理想数值，因为我们知道很多贫穷地区是不可能有这么多的购买与浪费的。所以可以想象，对于大多数生活在城市中的我们来说，实际的消费与浪费是远高于这个数值的。这些浪费所产生的问题不仅仅是浪费本身，更严重的是这些浪费最终也成了环境污染的主要源头。到目前为止，由于我们大多数的衣物面料是不可降解的，因此可以想象，这些浪费将对环境产生多么大的影响。这些都是发生在消费背后的问题，这样的问题会让我们这个行业与社会都难以可持续发展。

（二）服装纺织业产生的严重污染及能源消耗问题

服装纺织业不仅仅是全球第二大污染行业，同时，这个行业还是巨大的能源消耗行业。我们以一件 T 恤的生命周期为例，来说明这个过程中产生的浪费与污染。

1. 种植

几乎所有T恤的生产都会涉及对棉布的使用，至少会是涤棉混纺面料。棉花因其具有天然亲肤的属性，因此深受消费者的喜爱。不过棉花的缺点也非常明显，在种植过程中，棉花需要使用大量的农药，这些农药污染了土壤、空气，并且对农民的身体产生了很大的危害。不仅如此，棉花还是耗水量最大的一种面料纤维。

2. 制造

棉花被采摘后，需要经过特定的制造工艺被制成纤维，随后纤维又会被织成纱线，最后纱线才被织成我们看见的布料。不过这个时候的布料大多还是我们专业术语中的坯布。坯布经过染色后，才是我们一般成衣看到的面料样子。这其中，最大的浪费与污染环节出现在印染环节：印染需要耗费大量的水资源，而因为大部分的染料是化学染色剂，它们本身也会带来环境影响。这些污水被排放后，会再次成为污染源。

继续以T恤为例，一件T恤生产所需要的棉花，需要耗费水资源2700L[1]。而“生产一条李维斯

---

1 Sumner, Mark (2020), ‘Following A T-shirt From Cotton Field to Landfill Shows The True Cost of Fast Fashion’, *The Conversation*, https://theconversation.com/following-a-t-shirt-from-cotton-field-to- landfill-shows-the-true-cost-of-fast-fashion- 127363#:~:text=Overall%2C%20it%20takes%20about%202.6,in%20a%20standard%20passenger%20car.&text=Transporting%20the%20t%2Dshirt%20to,consumes%20energy%2C%20water%20and%20chemicals，登录日期：2023年1月31日。

的著名501系列牛仔裤，需要使用3781L水，同时这条牛仔裤在其生命周期内会产生 33.4kg的二氧化碳”[1]。这些用水量是什么概念呢？我们人均一天正常饮水量大约是1.5L。2700L水，大概是1800人的日饮用水量——而这只是生产1件T恤所需要的水量。

面料最终会被送往成衣加工厂。如果你看到过裁缝裁剪衣服，应该知道在裁剪过程中，相当一部分面料会成为废料。这类废料大约占一件衣服的20%~30%，这部分废料也因此成为纺织废料中重要的组成部分。

3. 消费

成衣被送到店铺或者仓库后，消费者买回家，还涉及售后的使用。在这个过程中，污染继续产生，其中一个最重要的环节出现在服装洗涤上。衣服清洗与晾干的过程也会产生温室气体。特别是我们使用的洗涤剂，对空气一样有负面影响。

4. 运输

从棉花种植地到纤维厂到纱线厂到织布厂到印染面料厂到成衣厂到店铺，最后到消费者手中，这个过程，几乎每个环节都涉及运输问题。并且，如大家所知，在全球化的影响下，很多运输需要跨国及跨地区运输，这个过程中产生的碳排放量不可想象，而且大量的消费者便利的退货则加大了碳排放的可能性。当一件衣服耗费了大量的水资源、电力、石油等众多重要能源，并产生了巨大的污染之后，这件衣服最终会去向哪里呢——垃圾填埋场。

我们再以当下我们服装消耗最大的面料——涤纶为例。涤纶是一种由石油提炼出的化学纤维，也是当今世界上使用最广泛的面料。今天，使用在纺织及服装产品的面料65%是涤纶[2]。涤纶会得到广泛使用，除了其优点明显，比如耐磨、上色方便、不易皱且易打理等，更重要的是价格相对其他纤维更加便宜。但涤纶的问题在于它是从石油中提炼出来的一种纤维丝，提炼过程中还会耗费一定的水资源并产生污染问题。“2015年，大约有3.3亿桶石油被用于制作涤纶与其他化纤面料——这相当于21000个奥林匹克游泳池的容量。”[3]

---

1 Wheeler, Melissa (2019)，‘The Future of Denim’，*Fashion Revolution*,https://www.fashionrevolution.org/the-future-of-denim-part-3-waste-not-water-not-innovation/，登录日期：2023 年 1 月 31 日。

2 Fibre Briefing: Polyester，https://www.commonobjective.co/article/fibre-briefing-polyester#:~:text=Polyester%20is%20made%20through%20a,oil)%2C%20air%20and%20water.&t ext=As%20an%20oil%2Dbased%20plastic,potentially%20for%20hundreds%20of%20years.，登录日期：2023 年 1 月 31 日。

3 Tripulse，‘What is the Impact of Synthetic Activewear on Our Planet and Health?’，https://tripulse.co/blogs/news/what-s-the-impact-of-synthetic-activewear-on-our-planet-and-health,登录日期：2023年7月15日。

我们当下的服装生态，从环保的角度而言，基本上是一个恶性循环。这也是为什么，越来越多的时尚从业人士开始关注这些问题。后面我会继续与大家分享，针对这些问题，品牌企业都在做什么。但是如大家看到的，服装行业环境污染的改善，不仅仅需要企业做出改变，也需要消费者做出改变。

（三）服装纺织行业带来的气候变暖问题[1]

气候变化问题已不是某个国家或者地区的问题，而是全人类共同面临的问题。这其中，又以“全球气候变暖”为最为普遍且严重的问题。而全球气候变暖中的关键问题，是碳排放。我相信，大家通过平时的媒体报道，虽然一定也看到了这些相关的关键词，但很可能很多人和曾经的我一样，对于碳排放的理解是非常模糊的。

“碳排放”是指“因为人类活动或者自然活动而导致的温室气体排放”，这些气体又以二氧化碳为主，而导致这些碳排放量剧增的源头有烧煤、汽车尾气、被浪费且难以被降解的材料（比如塑料、衣物等）以及其他污染源。事实上，如果你使用我前面提到的网站测试一下自己的碳排放量，你会发现几乎每一笔消费的背后都会带来碳排放量。碳排放问题已经严重影响了地球环境，也就是气候变暖问题。近些年，我们经常可以从新闻中看到温度上升引起诸如“阿尔卑斯山脉地区的冰川积雪和冰层覆盖快速下降”“北极海上冰层范围减少”“西伯利亚和加拿大永久冻土解冻”之类的报道。而生活当中，我们伤害环境的行为更是比比皆是。我前面提到的公益机构全球时尚日程的统计数据就是一个例子。

这些浪费所产生的问题不仅仅是浪费本身，更严重的是这些浪费物最终还成为环境污染的主要源头。因为我们大多数的衣物面料是长期不可降解的，并且这些衣服在生产和消费的过程中都会产生大量的碳排放。根据科学家的研究，通常生产一件棉质 T 恤产生的碳排放量是 2.1kg，生产一件涤纶衬衫则产生 5.5kg 二氧化碳。而今天，市面上将近 65% 的服装都是涤纶材质的，其他的则多为棉或者棉混纺。这样再综合上述每年每人扔掉的 20 件 ~ 30 件衣服，以及购入的 10 件 ~ 20 件衣服，可以大致推算全球平均每人每年单单在纺织和服装用品上产生的碳排放量将近 130kg ~ 215kg。再乘以 76 亿人口，全球每年就会产生 10 亿吨 ~ 16 亿吨二氧化碳。

1　部分内容曾出现在作者为《费加罗FIGARO》时装杂志（中文版）2021 年 4 月刊撰稿中。

我们普通人该如何理解这个数字背后的意义呢？这里就涉及我们今天的主题“碳中和”问题。

“碳中和”的官方定义是“指国家、企业、产品、活动或个人在一定时间内直接或间接产生的二氧化碳或温室气体排放总量，通过植树造林、节能减排等形式，以抵消自身产生的二氧化碳或温室气体排放量，实现正负抵消，达到相对零排放”[1]。为何种树可以抵消碳排放？因为树木可以吸收二氧化碳并产生更多的氧气。根据澎湃网的介绍，一般一棵树1年只能吸收18kg的二氧化碳。因此，要抵消个人消费服装产品每年所产生的10亿吨～16亿吨的二氧化碳，我们人类大约需要种植550亿棵～900亿棵树[2]。

这样的对比，是否能让你感受到些什么？

三、与可持续时尚息息相关的人文环境

“可持续时尚”所关注的不仅仅是自然环境，还有人文环境。

（一）劳工问题

2013年的孟加拉国达卡的一家服装厂倒塌，造成了1100多人的死亡事件是谈及服装行业劳工事件必谈的新闻事件[3]，快时尚品牌在这方面则面临着更加严峻的考验。一方面，他们需要向消费者提供价格足够低的产品；另一方面，与此同时还需保证他们的供应商加工厂不是通过压榨工人来提供有价格竞争力的产品。事实上，这是很具有挑战性的问题。除了通过提高效率来解决这对矛盾，有极少数的企业，比如美国的EVERLANE会把供应商及他们的报价透明地分享给消费者。他们相信，真正明事理的消费者，能够通过透明的报价来判断自己是否应该为工人更好的工作环境来支付更理性的价格。

（二）手工作业者

各个国家与民族几乎都有自己传统的、理当受到保护的手工工艺。不过，随着工业化生产，这些手工艺都在逐渐失传。对于一个国家、民族而言，这些失传的背后是文化的流失，也因此从联合国到各个国家，都很注重如何保护好这些手工艺的传承问题。联合国教科文组织2003年就通过了《保护非物质文化遗产公约》，我国于2004年8月加入该公约。这里的“非物质文化遗产”主要指“传统、口头表述、节庆礼仪、手工技能、音乐、舞蹈等”非物质性文化内容（技能）。而这些技能与文化，首先需要有人传承，

1　百度百科。

2　澎湃新闻，“在城市植树和在野外植树有何不同？大有讲究”，澎湃新闻，https://m.thepaper.cn/baijiahao_17088421（2022），登录日期：2023年5月1日。

3　第一财经，“孟加拉国制衣厂大楼坍塌后续：欧美零售业巨头就制衣业改善方案存分歧”，https://www.yicai.com/news/2706603.html（2013），登录日期：2023年2月15日。

这又涉及如何让传承人在今天，愿意在纷繁的世界里，静下心来学习手艺，并且还能靠这门手艺满足自己的基本生活需求。

我国也很注重这一领域。位于上海的东华大学就被指定培训了一批又一批的非遗传承人，他们主要来自云贵地区少数民族，多为苗族、彝族，还有仡佬族等其他民族，以刺绣传承为主。我也曾有幸参与了一些对他们的课程培训。这些培训最主要是帮助这些非遗传承人学习创意、服装设计、营销、历史文化等课程，能让他们的刺绣作品融入当代人们的生活，能够变得更加“实用”，这样才可能有商业化的路径，让手艺人依靠自己的手艺来获得更好的生活品质。

中国服装设计师马可，也是一位投入手工艺者保护的实践者之一。作为国内知名的设计师，马可曾经与朋友联合创立了“例外”品牌。2006 年，马可另外独立创立“无用”品牌。该品牌的重点就是通过商业模式来解决手工艺的传承问题。她在珠海的工作室设有手工纺织面料的部门，这些手工艺者大多来自贵州农村。在 2008 年的巴黎高级定制时装周，马可还将手工织布机及织娘一起带到秀场，现场演示一块面料是如何被手工织出来的，并获得了良好的反馈。

（三）对特殊群体的关注

我们的设计师或者产品研发者基本都是以正常人的思维来考虑所有的人。但其实我们的社会中还有相当一部分人群长期被忽略，他们就是残障人士与老年群体。大家可能也多次听说，很多老年人因不会使用智能手机而在生活中遭遇的种种困难。还有，是否有人思考过残障人士平时都穿什么衣服呢？

据中国残疾人联合会[1]调查数据显示，截止到 2010 年，我国的残障人士有近 8000 万。以我们当下 14 亿人口计算，大概 15 人 ~ 16 人中就有一位残障人士。但我们很少会关注到残障人士同样需要美的问题。不过北京服装学院也已经于 2018 年开设了残障人士的服装研究中心[2]。在我看来，这是我们社会的又一大进步，也期待更多的商家、消费者都能关注这个问题，美不仅属于四肢健全以及年轻的人们，残障人士、老年人同样也拥有追求美的权利。

1　中国残疾人联合会官网：https://www.cdpf.org.cn/。

2　无障碍服装研究中心，“从事无障碍服装研究，天天都被感动着”，北京服装学院，https://www.bift.edu.cn/xwgg/bfxw/92198.htm（2021），登录日期：2023 年 2 月 15 日。

四、何为可持续时尚及其分类

（一）可持续时尚的定义与分类

可持续时尚的定义真的很多元化，有些描述也很复杂。我自己对它做了一个我认为比较简洁的定义，即“从研发、设计、制造、销售到消费的所有环节，能够对自然环境与人文环境更加友好，尽量避免产生负面影响力”。从理论上来说，可持续时尚的生态链最好能自身形成一个完整的闭环，意思就是，即使衣服完成了它的生命周期，也能够重新以循环形式进入一种新的物品（衣服）生命周期。本章节最后讲述的一个品牌案例将对这个概念做出形象解释，不过这个概念在当下还只是一个理想的理论。事实上，我们还很难做到从衣服的诞生到其生命周期的结束，能在每个环节上面面俱到地考虑可持续问题。

这里主要有 4 个方面的原因。

① 要做到全生态链形成一个闭环式的可持续发展，需要耗费的各种成本一般企业难以承受。

② 这其中，还有很多有待解决的技术问题。

③ 可持续发展不仅需要企业的参与，还需要政府、公益机构、消费者等全社会的参与。这也是为什么本书的最后会加入这个主题。

④ 可持续时尚的分类很多，而这些分类有些还相互矛盾。我们往往会发现，当我们努力解决某个问题时，这个解决方案可能同时会产生另外一个新的社会问题。

但这不代表我们不该关注可持续发展问题。我只是想说，从事实来说，没有完美的答案。我们只能选择一个最合适的解决方案，而不是因为找不到完美答案而放弃对可持续发展的追求。

1. 减少浪费

（1）二手衣服回收

二手服装回收对于个人来说是一个不错的选择。在国内一些大型城市，社区都有专门的二手衣物回收箱。国内机构“飞蚂蚁”也提供回收服务。这些衣服被回收后，最终有以下几条出路：**① 捐赠给贫穷的地方；② 捐赠给慈善商店；③ 以低价销售给其他贫穷的地区或者国家；④ 对于无法捐赠或者再销售的产品，设法进行再次处理成为工业纺织品（比如汽车里用的一些纺织品，或者家用拖把等）；⑤ 垃圾填埋或者焚烧。**

但事实上，上述解决方案的背后还是有不少问题。比如，处理二手衣物涉及的成本很可能会高于做新衣服的成本。这个成本主要产生在对这些衣物进行分类、清洗、消毒、再销售（赠送）的过程。可以想象，这个过程远比对新产品进行分类整理要复杂得多。不同面料成分、不同新旧程度的处理方式都不太一样，并且这个过程几乎只能由人工完成，且涉及的工作量极大。

即使是捐赠，其实也比想象的困难。捐赠也主要来自两部分，一部分是企业，一部分是个人。我自己曾代表企业捐赠过服装，也以个人的名义捐赠过服装，所以我知道其实两者背后都有有待解决的问题。企业通常会把实在无法销售的库存捐赠给慈善机构，这个名义上虽然是做好事，但事实上也是帮助企业解决库存负担的一个渠道。但企业捐赠给慈善机构，即使是免费赠送，这个过程依然会产生费用。首先，需要有专门的物流将产品从企业仓库送到慈善机构的仓库，这里就会产生物流费用，谁来出这笔费用，需要企业与慈善机构共同商定。但无论谁来出这笔钱，这笔费用都客观存在。其次，慈善机构大多不具备专业的仓储管理部门，他们大多数没有专业的仓库，更没有专业的团队来管理（理货、拣货、储存等）这些货品。我曾去过国内的几家慈善商店做公益活动，每次去都发现他们的库存堆得乱七八糟，有的衣服已经很多年了都还没有被处理掉，面对这样的现状其实他们也很无奈。

捐赠还存在的一个问题是，不是每件衣服都能找到适合的捐赠对象。我曾做过几次个人捐赠，因为知道公益机构有自己的困境，所以我都是直接通过朋友捐赠给生活在农村的人。第一次捐赠我没任何经验，把自己不要的衣服清洗干净后就都打包寄出去了。后来农村的朋友打电话说，以后像我们城里人穿的过于时髦的衣服，比如裙子、花式衬衫等衣服不用给他们，因为他们是要下地干活的，最喜欢的是耐磨的、简单的上装和裤子，还有毛衣、羽绒服这些厚实的衣服很受欢迎，因为在冬天确实很保暖。

这些我个人经历的点点滴滴都告诉我，即使想做好事，也不是仅有一颗热忱的心就可以了，它们同样还需要专业。这也是前面我说的，做可持续时尚，也需要专业——不是凭一颗善良、热忱的心即可达到目标的。

（2）二手衣再造

二手衣再造主要针对个人衣橱里的旧衣物，通过设计师的再次设计重新显得时髦。国内外都有这样的设计师，即使是知名品牌也会提供这样的服务。国内品牌“再造衣银行”也提供这样的设计服务。不过这些服务都比较适合个人，能解决的问题比较有限，难以产生规模效应。国外有些机构会将诸如旧的铁路制服、航空制服或者团购服装进行二次统一改造，改为包包后重新赠送给员工。不过同上，这些都属于个别项目，它们很难被规模化。

（3）二手衣买卖与交换

这个我们第七章已经提到过，这里不再赘述。

（4）零浪费裁剪技术

如前所述，我们当下的服装设计与裁剪方式，通常会产生 20% ~ 30% 的面料废料。零浪费的裁剪技术即在设计与裁剪时，就考量到如何能充分利用好面料的每一部分，尽量避免产生浪费。这个既需要设计上的考量，也需要用到高超的面料排版技术。

对于今天的服装设计来说，如何能在尽量减少面料浪费的同时，设计出好看的作品，其实是件非常考验设计思维的事情。我在美国生活的时候，虽然也去看过一些坚持零浪费裁剪技术的设计师的沙龙秀，但看了以后，对有的作品颇有些失望——原因是我发现设计师为了不浪费任何面料，反而让自己的设计变得非常累赘。比如，我记得有一款 T 恤，设计师为了把裁剪剩下的废料都用好，将这些废料布条直接贴在了衣服上，整体看上去就很啰唆。我想这类设计并不是一个真正有效的解决方案。

事实上，如果单从面料浪费来说，中国古代服饰的裁剪技术可能是最早实现零浪费的裁剪技术。我在第二章“何为符合中国人气质的着装”中就提到，中国古代服饰的裁剪方式，几乎很少浪费任何面料。另外，其实早在二十世纪五十年代到八十年代，我们的服装厂经常会做的事情就是把面料废料收集起来，做些小物件，比如袖套、拖把、袜子等。也许，某些传统我们可以把它们重新捡起来。

2. 减少污染

减少污染是个系统工程。从服装纺织业的角度而言，最本质的方式是从原材料（纤维）着手来解决根本问题。事实上这也是纺织材料的科学家们主要在研究的问题。应当说，近十多年，在这方面已经产生了很多成果。比如有机棉、有机羊毛、可循环使用的涤纶面料、再生尼龙等。

另一个减少污染的环节是从印染角度而言。如前所述，印染也是一个重污染环节。现在科学家虽然已经发明了一些可以回收印染水资源的方式，以及相关环保染料，但这些科技都还没有被普及，只有极少数的企业在使用。2019 年在一次“时尚与科技”的论坛上，我还惊喜地得知科学家们在研发一种不再需要染料的染色技术，即“morphotex 免染色技术”，其来自光学原理。比如我们看到的蝴蝶色彩缤纷，并不是因为蝴蝶本身带有色彩，而是蝴蝶通过光的折射形成了有色彩的感觉，morphotex 技术便是利用了这个原理。假如这套技术真的普及开来，毫无疑问，对于节约水资源以及解决染料污染的问题都是极大的好消息。

3. 人文关怀

如前所述，在整个生态环节中，考虑到对边缘人士（老年人、残障人、手工艺者等常常被忽略的群体）的关怀，也属于可持续发展的范畴。

可持续时尚还有很多种，以上只是举例说明主流的内容。大家如果对可持续发展感兴趣，可以继续翻阅本章节最后的“阅读清单”。

五、企业与个人分别可以做什么

（一）企业在做什么

我们国内很多企业在这方面应当说还完全没有系统化的战略规划。可持续时尚首先需要从大型企业开始，中小企业大多不论从经济能力还是思想意识方面，还处于考虑不到这点的阶段。而大型企业多为上市公司，从上市公司财报即可看出我们这个行业目前在这方面的发展意识。大多数上市鞋服企业的财报，即使涉及诸如“可持续发展”“社会责任”“环境”等关键词，内容还比较粗浅。我所了解的国内鞋服企业所面临的问题是，即使有这个心愿去做这件事，他们也不是很清楚具体要怎么做。而且在这个过程中，消费者对企业行动的支持也尤为重要。这也是我写本书的初衷之一，希望越来越多的消费者可以支持企业做可持续时尚这件事。

不过，也有些中国本土企业已经行动起来，“李宁”与“波司登”就在这方面做得稍微领先些。比如李宁在部分建筑已经开始使用太阳能电池板，在化学品使用方面尽量使用“绿色化工”，对有害物质进行限制等。而波司登在这方面，做得就非常具体与详细，比如，根据其 2019 年财报，其“49% 羽绒已获得 BLUESIGN（蓝标）认证[1]”，“95% 羽绒获得负责任羽绒 RDS 认证[2]”，“95% 合作供应商获得 RDS 认证”，“原材料供应商及外包生产商 SA8000 企业社会责任标准评审覆盖率达到 85% 以上”；并且，波司登参加的“益普索（IPSOS）[3] 品牌健康追踪报告”显示，波司登“净推荐值（NPS）[4] 达 52, 品牌美誉度 8.84”。从这一系列数据可以看出，波司登已是在用国际一线企业的标准做自我要求，他们使用了很多国际认证体系，这在一定程度上，也许归功于他们长期为一线国际品牌代工的背景。

（二）我们个人该做什么

这里附加一个小练习。这个练习是我做顾问的专注于纺织废料处理的公益机构 Redress 可持续时尚教材里的练习之一，也是我经常拿给我学员做的练习。希望通过这个练习，作为读者的你可以看看自己穿的衣服，最终给环境带来了什么样的影响?

---

1 即“蓝标认证”， 属于纺织业的一个主流环保认证品牌。 该认证要求“从业者，从聚酯、聚酰胺，及棉等原料，到织布、印染、涂布、贴合加工，乃至最终成品生产的相关制程、使用的染料、化学药剂，均要获得该规范认证核可”。更多内容可以参考蓝标认证的官网。

2 指“确保在下行供应链中的水禽受到人道待遇。通过提供业界最佳的标准，来确保羽绒并非来自受到任何非必要伤害的动物之身，并建立一个可追溯的系统，来验证其来源”。（百度百科）

3 益普索是一家在法国成立于 1975 年的市场调研公司。

4 NPS 代表的“net promoter score”，是消费者调研中常用的一个指数，即询问消费者“是否会向周围人推荐该品牌”的意思。

① 你现在穿的衣服（上衣、下装、内搭等）都是由什么成分的面料制造的？

② 可以网络搜索一下，生产这些面料需要用到什么天然资源以及生产流程是什么？这些过程会对环境造成什么负面影响？

③ 这些成衣可否再制成再生纤维？你觉得这些衣服的生命最终会在哪里结束？

④ 这些成衣是在哪里制造的？成衣和原材料要经过多少个国家或地区才能被消费者购买？

⑤ 这些成衣从开始到你的手中，其中牵涉什么运输过程？大概多少里程？这个过程对环境又有什么负面影响？

⑥ 洗涤这些成衣需要什么天然资源和产品？成衣的洗衣指示是什么？这个过程对环境又有什么负面影响？

这是一个让你从全新的视角审视自己的着装与消费的练习。不知道做完后，你是什么感受？我培训完学员后，几乎每个人的反应都是："天啊，原来衣服背后还有那么多我不知道的故事！原来我穿的衣服消耗了那么多的能源，产生了那么多污染！"

这里再回应下我在前面提到的碳中和问题，因为它也一样和我们的生活息息相关。比如说，我前面提到，通过计算得知我每年个人的碳排放量近 10 吨左右，我可以通过以下方式来实现碳中和：

① 降低消费，只消费必须消费的商品或者服务。近几年经济下行压力的增大虽然给每个人的生活与工作带来了很多的不便利，但同时也大大降低了我的消费频次与金额。

② 在选择交通工具时，优先选择在时间允许范围内碳排放最少的。

③ 减少服装浪费。减少浪费除了通过减少不必要的购买，还可以通过循环使用来解决。比如，现在有设计师会对顾客衣橱里的衣服进行再设计，以提高服装再次被利用的频次。也可以通过二手衣服交换或者买卖来提高使用率。虽然这些服务都比较适合个人，难以产生大规模效应，但从个人层面来说，却是力所能及的事情。

④ 最后，通过种树，来抵消那些无法再节能减排的活动。比如，依然以 10 吨碳排放量为例，我至少要种 556 棵树才能抵消自己一年的碳排放量。可能大家会好奇现在个人怎么去种树呢？其实有很多公益机构接受资金捐助帮你种树。大家不妨通过网络或者公益机构关注一下。

这里，特别将我个人觉得很有效的、由开云集团推出的"环境损益表"介绍给大家（微信小程序搜索"开云集团"即可）。这个环境损益表（ENVIRONMENTAL PROFIT&LOSS），参考了企业会计学里的损益表形式，以数据表达形式，量化了个人及企业"碳排放""水资源利用""水污染""土地使用""空气污染"及"废弃物"等项目。这个工具会将这些数据转化为货币，以货币形式呈现效果，然后根据报表，协助个人或者企业寻找可以被"积极改善的最佳点"，"并及时显示我们取得了哪些进步"。

我国政府同样非常注重碳中和的问题。2020 年 9 月 22 日，中国政府在第七十五届联合国大会上提出："中国将提高国家自主贡献力度，采取更加有力的政策和措施，二氧化碳排放力争于 2030 年前达到峰值，努力争取 2060 年前实现碳中和。"

希望本书的读者，能成为最早一批愿意参与碳中和的人！

第三节　品牌案例

一、品牌简介

“天意 TANGY”时装品牌由梁子与黄志华夫妇于 1995 年创立，他们也是我自 2005 年就认识的一对创业搭档。之所以将这个品牌作为案例，是因为它是我知道的唯一一家在全生态链上实施可持续时尚理念的中国服装品牌公司，也是我认识的国内最早开始践行可持续时尚理念的企业。当然，也因为认识他们多年，所以对他们相对比较熟悉，几乎是一手信息，内容来源都比较可靠。希望通过对这个案例的分享，能够让大家了解可持续时尚在中国是完全可以盈利且可持续发展的。只不过在这个过程中，企业需要有足够的耐力去支撑。

二、TANGY COLLECTION 与可持续生态

梁子及其先生黄志华于 1995 年共同建立了“天意 TANGY”品牌。品牌秉持“平和、健康、美丽”的理念，期望人与自然能达到“天人合一”的境界。因此看“天意 TANGY”的衣服，犹如欣赏一幅中国水墨画——飘逸淡雅，温婉柔和，色彩斑斓却不浓烈。总体设计风格简洁大气，不挑肤色，不挑体形，却颇具生活品位。

梁子夫妇早期对可持续时尚理念的认知，更多是出于本能与自发的。毕竟，这个概念传到中国，也是在 2015 年左右的事情了。夫妇俩都非常热爱大自然，也正因为如此，在大家都更喜欢用便宜的化纤面料拼价格的时代，他们就专注于使用天然面料。

一个偶然的机会，梁子发现了一种叫“莨绸”的面料——这是一种纺染技艺濒临失传的面料。传统的莨绸以家蚕丝为原料，织成平纹织物后，用一种名为薯莨的植物的块茎汁液染色后，再在一种矿物泥土里长期浸泡而成。这种薯莨和矿物泥土只存在于中国南方的一个小镇。而面料在经过许久的汁液浸泡后，还需要长时间的阳光暴晒，所以只

注：本案例部分内容来自本人专著《中国时尚：对话中国服装设计师》。

能在每年的四月至十月间生产。与其他一般丝绸不同，莨绸只有一种颜色，一面是近似黑色的褐色，这是矿物泥料的颜色；还有就是类似于咖啡色的棕色，这是薯莨块茎汁浸泡后留下的颜色。这种汁液的配方，如今只有少数人掌握，而且整个生产过程完全依靠人工完成。地域及季节的限制让这种面料显得弥足珍贵，在旧时只有富裕的家庭才买得起这样的面料。

梁子用“心动”描述第一次看见这种面料时的感觉，她让这种几近消失的面料再次恢复了生机。在普遍采用现代机械化大生产的服装纺织行业，这种古老的面料已被逐步遗忘。因为它的生产工艺复杂，生产代价昂贵。为了利用这种面料的独特之处，梁子用环保染料代替了传统染料，并增加了这种面料的颜色选择。尽管用这种面料制作的服装并未立竿见影地产生销售业绩，梁子却视之为“天意 TANGY”的精华。如果能够让这种濒临失传的古老面料重新焕发光彩，该是件多么有意义的事情！她相信只要坚持，莨绸的优质特点一定会得到市场的认可。在上市五年后，这种用莨绸做的衣服终成为“天意 TANGY”最大的卖点。

“天意 TANGY”的莨绸产品也曾被作为官方礼品赠送给尊贵的客人。2006 年，为了纪念古代海上丝绸之路，瑞典政府派遣了复制版“哥德堡”号重走古代海上丝绸之路，并于当年八月抵达广州。应广州市政府之邀，梁子用莨绸为瑞典的国王及王后精心制作了两套服饰，并代表中国政府赠予客人。莨绸从此成为“天意 TANGY”品牌的标志性面料。

2008 年，梁子夫妇创立了高端生态可持续发展的时尚品牌“TANGY COLLECTION”。“TANGY COLLECTION”以中国国家级非物质文化遗产手工植物染莨绸为核心用料，并深度创新开发了“天意彩莨”“天意生纺莨”“天意半莨”等创新莨绸，同时结合环保染料印染的真丝、棉、麻等高档天然面料，不断创新款式和工艺，使古老莨绸独特的人文气息与现代流行相结合，向全球时尚界讲述中国莨绸的天然之美和生态之善，传递“敬天、惜物、爱人”的可持续发展理念。

TANGY COLLECTION 的“可持续生态”主要体现在以下方面[1]。

人文方面

首先在人文方面，针对莨绸的“传承”与“创新”，因为天意将这个材料投入到商业使用，事实上拯救了这个濒临失传的传统手工艺。因为具有一定的商业规模，这间接提高了晒莨工人的收入水平，并能让他们在这个行业中保持一定的稳定性。

物尽所用

薯莨在加工制作过程中，会产生薯莨渣物与薯莨汁。薯莨渣物会被制作成燃料，而薯莨汁会被回收并酿制成可以喝的酿酒。

裁剪过程中被废弃的纺织废料会被收集并制作成手机袋、抱枕、杯垫等物品。

环保洗涤

天意使用“天然灵香草作为莨绸服装保护品，并且推荐纯天然茶籽饼作为纯天然无公害洗涤剂”给自己的消费者。

创新

传统莨绸因为制作工艺的复杂以及其对土壤和日照时间的特别要求，本身基本只有一种色彩（类似中草药的土褐色）。天意通过各种研发创新，创造了“天意彩色莨绸”“天意生纺莨绸”“天意半莨”“天意弹力莨绸”等创新产品。

文化传承

天意捐资成立了“天意莨绸保护基金会”，并且在莨绸的原产地广东顺德投资建设“天意莨园——国家级非物质文化遗产莨绸（香云纱）保护基地”，该保护基地向观众展示莨绸的发展历史、加工工艺，同时也经常做些科普性教育。

---

1 来自天意品牌的介绍。

小结

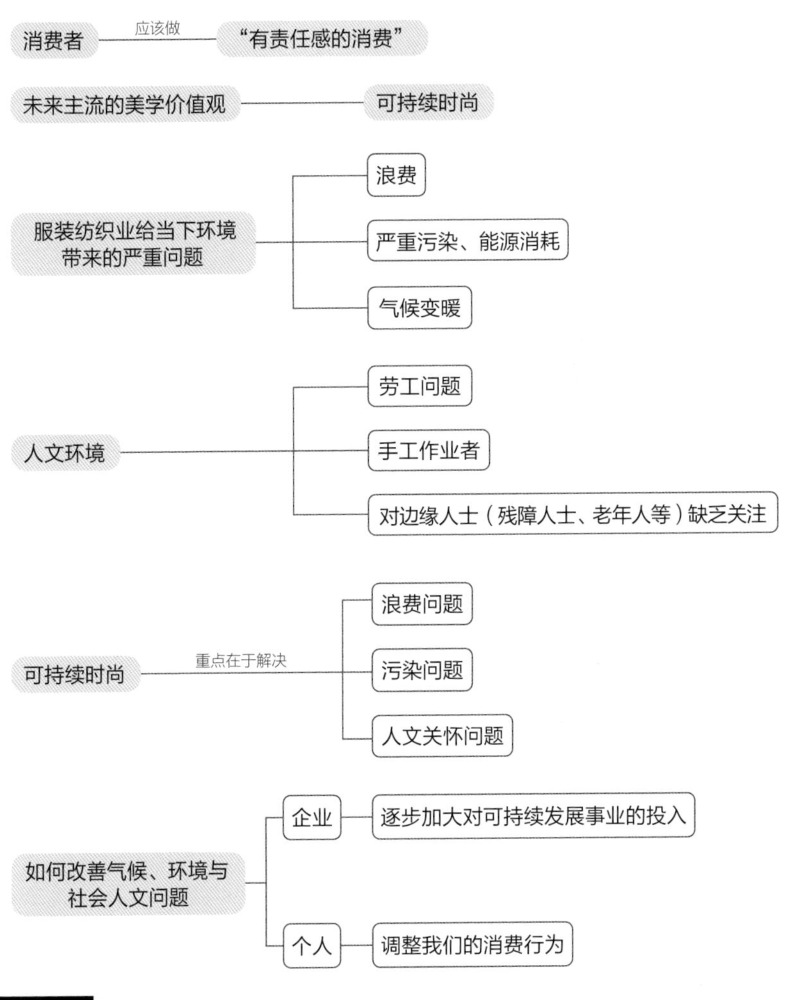

推荐阅读

Black, Sandy（2013），*The Sustainable Fashion Handbook*，London： Thames & Hudson.

Fletcher, Kate (2014), *Sustainable Fashion and Textiles： Design Journeys*, London and New York： Routledge.

参考文献

[1] Amed, Imran(2013), 'The Bussiness Of Being Tom Ford', https://www.businessoffashion.com/articles/news-analysis/the-business-of-being-tom-ford-part-i/, 登录日期：2023年5月1日。

[2] Barnard, Malcom (2002), *Fashion as Communication* (2nd Edition), London and New York: Routledge.

[3] Beall, Abigail (2020), 'Why Clothes Are So Hard to Recycle', https://www.bbc.com/future/article/20200710-why-clothes-are-so-hard-to-recycle , 登录日期：2021年2月6日。

[4] Bian, Y.J. (2001), 'Guanxi Capital and Social Eating in Chinese Cities: Theoretical Models and Empirical Analyses', Lin, Nan., Cook, Karen. and Burt, S. Ronald (eds.), *Social Capital: Theory and Research*, 275-295, New York: Aldine de Gruyte.

[5] Breward, Christopher (1999), *The Hidden Consumer: Masculinities, Fashion and City Life 1860-1914 (Studies in Design)*, Manchester: Manchester University Press.

[6] Coleridge, Nicholas (2012), *The Fashion Conspiracy: A Remarkable Journey Through the Empires of Fashion*, London: Cornerstone Digital.

[7] Davis, Fred (1994), *Fashion, Culture, and Identity* （Reprint Edition）, Chicago and London: University of Chicago Press.

[8] DeLong, R. Marilyn (1987), *The Way We Look: A Framework for Visual Analysis of Dress*, Ames: Lowa State University Press.

[9] Fan, Jintu and Yu, Winne and Hunter, Lawrance. (2004), *Clothing Appearance and Fit: Science and Technology*, Cambridge: Woodhead Publishing.

[10] Fibre Briefing: Polyester, https://www.commonobjective.co/article/fibre-briefing-polyester#:~:text=Polyester%20is%20made%20through%20a,oil)%2C%20air%20and%20water.&text=As%20an%20oil%2Dbased%20plastic,potentially%20for%20hundreds%20of%20years，登录日期：2023 年 1 月 31 日。

[11] Fredrickson, Barbara and Roberts, Tomi-Ann (1997), 'Objectification Theory: Toward Understanding Women' s lived Experiences and Mental Health Risks', *Psychology of Women Quarterly*, 21(2), 173-206.

[12] Global Fashion Industry Statistics, https://fashionunited.com/global-fashion-industry-statistics，登录日期：2023 年 1 月 31 日。

[13] Goswami, Shweta, Sachdeva, Sandeep and Sachdeva, Ruchi (2012), ' Body Image Satisfaction Among Female College Students', *Industrial Psychiatry Journal* , Jul-Dec, Vol.21, Issue 2, 168-172.

[14] Hajo, Adam and Galinsky, Adam (2012), 'Enclothed Cognition', *Journal of Experimental Social Psychology*, Vol. 48, Issue 4, 918-925.

[15] Hall, Edward (1973), *The Silent Language*, New York: Anchor Books.

[16] Hekkert, Paul (2006), 'Design Aesthetics: Principles of Pleasure in Design', *Psychology Science*, Vol 48 , 2, 157- 172.

[17] Homburg, Christian, Schwemmle, Martin and Kuehnl, Christina (2015), 'New Product Design: Concept, Measurement And Consequences', *Journal of Marketing*, Vol. 79, 41-56.

[18] Hoyer D. Wanye and Stokburger-Sauer , Nicola (2011), ‘The Role of Aesthetic Taste in Consumer Behavior’, *Journal of the Academy Marketing Science*,Vol.40, 167-180.

[19] Jensen, Emily (2022), ‘ Virgil Abloh Defined Postmodern Fashion’, *Jing Daily*, https://jingdaily.com/virgil-abloh-off-white-louis-vuitton-postmodern-fashion/，登录日期：2023年5月1日。

[20] Kawamura, Yuniya (2004), *The Japanese Revolution in Paris Fashion (Dress, Body, Culture)*, London: Berg Publishers.

[21] Lee, Dong-Jin, Pae, H. Jae and Wong, Y. H. (2001)，‘A Model of Close Business Relationships in China’, *European Journal of Marketing*, 35 (1/2)，51 - 69.

[22] Lefebvre, Henri and Levich, Christine (1987), ‘The Everyday and Everydayness’, *Yale French Studies*, No. 73, 7-11.

[23] Lindstrom, Martin (2008), *Buyology: Truth and Lies About Why We Buy*, New York: Currency.

[24] Liu, Yan, Lk, Krista, Chen, Haipeng and Balachander, Subramanian (2017), ‘The Effects of Products' Aesthetic Design On Demand and Marketing-mix Effectiveness: the Role of Segment Prototypicality and Brand Consistency’, *Journal of Marketing*, Vol.81, 83-102.

[25] Louis Vuitton Company (2012), *Louis Vuitton: The Birth of Modern Luxury*, New York: Abrams.

[26] Luo, Yadong (1997), ‘Guanxi and Performance of Foreign-invested Enterprises in China: An Empirical Inquiry’,*Management International Review*, 37(1),51 - 70.

[27] Mair, Carolyn (2018), *The Psychology of Fashion*, New York: Routledge.

[28] Fan, Jintu (2004), *Clothing Appearance and Fit: Science and Technology*， Woodhead: Woodhead Publishing .

[29] Mandoki, Katya (2003), ‘Point and Line Over the Body: Social Imaginaries Underlying the Logic of Fashion’, *Journal of Popular Culture*, Vol. 36.3 Winter, 600-622.

[30] Mathias, Peter (2013),*The First Industrial Nation: The Economic History of Britain 1700 - 1914* (3rd edition), New York and London: Routledge.

[31] Moody, R. Wendy, Kinderman, Peter and Sinha, Pammi (2010), ‘ An Exploratory Study: Relationships Between Trying on Clothing, Mood, Emotion, Personality and Clothing Preference’, *Journal of Fashion Marketing and Management: An International Journal*, 14(1), 161-179.

[32] Nam, Jinhee, Hamlin, Reagan et. al (2007) ‘The Fashion-conscious Behaviours of Mature Female Consumers’, *International Journal of Consumer Studies*, 31, 102 - 108.

[33] Perrot, Philippe (1994), *Fashioning the Bourgeoisie: A History of Clothing in the Nineteenth Century*, Princeton: Princeton University Press.

[34] Reichert, Tom and Lambiase, Jacqueline eds. (2003), *Sex in Advertising: Perspectives on the Erotic Appeal*, New Jersey and London: Routledge.

[35] Givhan, Robin (2016), *The Battle of Versailles: The Night American Fashion Stumbled into the Spotlight and Made History*, New York: Flatiron Books.

[36] Schiffman, Leon and Sherman, Elaine (1991), ‘Value Orientations of New-Age Elderly: The Coming of An Ageless Market’, *Journal of Business Research*, 22(2), 187 - 194.

[37] Shannon, Brent (2006), *The Cut of His Coat: Men, Dress, and Consumer Culture in Britain*, 1860 - 1914, Athens: Ohio University Press.

[38] Simmel, Georg (1957)), 'Fashion', *American Journal of Sociology*, 62(6), 541-558.

[39] Smith, Jacquelyn (2012), 'Steve Jobs Always Dressed Exactly the Same. Here's Who Else Does', *Forbes*, https://www.forbes.com/sites/jacquelynsmith/2012/10/05/steve-jobs-always-dressed-exactly-the-same-heres-who-else-does/?sh=6efd83535f53，登录日期：2023年5月1日。

[40] Steele, Valerie (2017), *Paris Fashion: A Cultural History*, London: Bloomsbury.

[41] Swiatkowski, Paulina (2016), 'Magazine Influence on Body Dissatisfaction: Fashion vs. health?', *Cogent Social Sciences*, 2:1.

[42] Sumner, Mark (2020), 'Following A T-shirt From Cotton Field to Landfill Shows The True Cost of Fast Fashion', *The Conversation*, https://theconversation.com/following-a-t-shirt-from-cotton-field-to- landfill-shows-the-true-cost-of-fast-fashion- 127363#:~:text=Overall%2C%20it%20takes%20about%202.6,in%20a%20standard%20passenger%20car.&text=Transporting%20the%20t%2Dshirt%20to,consumes%20energy%2C%20water%20and%20chemicals，登录日期：2023年1月31日。

[43] Thurston, Jane and Lennon, Sharron and Clayton, Ruth (2009), 'Influence of Age, Body Type, Fashion, and Garment Type on Women's Professional Image', *Home Economics Research Journal*, 19, 139-150.

[44] Tiggemann, Marika, Polivy, Janet, and Hargreaves, Duane (2009), 'The Processing of Thin Ideals in Fashion Magazines: A Source of Social Comparison Or Fantasy?', *Journal of Social and Clinical Psychology*, 28(1), 73 - 93.

[45] Tripulse, 'What is the Impact of Synthetic Activewear on Our Planet and Health? ', https://tripulse.co/blogs/news/what-s-the-impact-of-synthetic-activewear-on-our-planet-and-health,登录日期：2023年7月15日。

[46] Turner Sherry, Hamilton Heather and Jacobs Meija et.al（1997）, 'The Influence of Fashion Magazines on the Body Image Satisfaction of College Women: An Exploratory Analysis', *Adolescence*, Fall, 32(127), 603-614.

[47] Twigg, Julia (2013), *Fashion and Age:Dress, the Body and Later Life*, London: Bloomsbury.

[48] Venkatesh, Alladi and Meamber, Laurie (2008), 'The Aesthetics Of Consumption And The Consumer As An Aesthetic Subject', *Consumption Markets & Culture*, Vol. 11, No. 1, 45—70.

[49] Voss, Kevin, Spangenberg, Eric and Grohmann, Bianca (2003), 'Measuring the Hedonic and Utilitarian Dimensions of Consumer Attitude', *Journal of Marketing Research*, Vol. XL,310-320.

[50] Wheeler, Melissa (2019), 'The Future of Denim', *Fashion Revolution*, https://www.fashionrevolution.org/the-future-of-denim-part-3-waste-not-water-not-innovation/，登录日期：2023 年 1 月 31 日。

[51] Wilson, Elizabeth (2003), *Adorned in Dreams: Fashion and Modernity*, New Jersey: Rutgers University Press.

[52] Yang, Mei Hui (1994). *Gifts, Favors, and Banquets, The Art of Social Relationships in China*, Ithaca: Cornell University Press.

[53] 36氪，"首份中国女性自信报告显示，4成女性低估自己"，36氪，https://baijiahao.baidu.com/s?id=1594367346332938522&wfr=spider&for=pc，登录日期：2023 年 1 月 22 日。

[54] 程思、罗希、马玉萱，“近六成大学生有容貌焦虑”，《中国青年报》2021-02-25(007)。

[55] 第一财经（2013），“孟加拉国制衣厂大楼坍塌后续：欧美零售业巨头就制衣业改善方案存分歧”，https://www.yicai.com/news/2706603.html，登录日期：2023 年 2 月 15 日。

[56] 刘娜娜，“涨价、缺货、排队，2023 年奢侈品在中国还能香多久？”，《界面新闻》，https://www.jiemian.com/article/8761609.html，登录日期：2023 年 1 月 18 日。

[57] 李泽厚，《华夏美学》，武汉：长江文艺出版社（2019）。

[58] 罗兰 · 巴特，《流行体系》，上海：上海人民出版社（2016）。

[59] 澎湃新闻，“在城市植树和在野外植树有何不同？大有讲究”，澎湃新闻，https://m.thepaper.cn/baijiahao_17088421，登录日期：2023年5月1日。

[60] 邵新艳，“华服十字形结构与现代服装设计研究”，《艺术设计研究》2013年1月刊，40-44 页。

[61] 索尔斯坦 · 凡勃伦，《有闲阶级论》，上海：上海译文出版社（2019）。

[62] 新华社，“中共中央办公厅、国务院办公厅印发《关于实施中华优秀传统文化传承发展工程的意见》”，新华社，http://www.gov.cn/zhengce/2017-01/25/content_5163472.htm，登录日期：2023 年 1 月 26 日。

[63] 新华社新媒体，“‘变革与梦想’图片展即将在巴黎开幕”，新华社，https://baijiahao.baidu.com/s?id=1621625007752047496&wfr=spider&for=pc，登录日期：2023 年 1 月 29 日。

[64] 杨杰，“扮名媛：假作真时真亦假”，《中国青年网》，http://news.youth.cn/jsxw/202109/t20210908_13208905.htm，登录日期：2023 年 1 月 18 日。

[65] 无障碍服装研究中心，“从事无障碍服装研究，天天都被感动着”，北京服装学院，https://www.bift.edu.cn/xwgg/bfxw/92198.htm，登录日期：2023 年 2 月 15 日。

[66] 中国残疾人联合会官网：https://www.cdpf.org.cn/。

致谢

本书得以出版，首先要感谢《三联生活周刊》旗下的三联中读在 2018 年邀请我做了一个系列的音频课《提升你的衣品》，这档节目成为本书写作的基础。不过相比音频，这本书大约有 50% 的新增内容。也很感谢凤凰空间高申编辑的邀请，在合作过程中，也很高兴发现她是一位对出版工作充满热情，做书态度严谨的编辑。任何一本好书的诞生，都离不开作者、编辑与出版社共同的努力，在这里也一并致谢那些为本书幕后作业的其他工作人员！本书的书名及排版也曾得到冷芸时尚圈社群群友们的反馈与建议，在这里一并感谢！

冷芸